# 高效记忆力训练法

# Remember It !

[美] 纳尔逊·德里斯（Nelson Dellis）_著
王鹏程 严霞 _译

文化发展出版社
Cultural Development Press

**图书在版编目（CIP）数据**

高效记忆力训练法 /（美）纳尔逊·德里斯（Nelson Dellis）著；王鹏程，严霞译. —北京：文化发展出版社，2021.4
ISBN 978-7-5142-3362-9

Ⅰ. ①高… Ⅱ. ①纳… ②王… ③严… Ⅲ. ①记忆术 Ⅳ. ①B842.3

中国版本图书馆CIP数据核字（2021）第045626号

著作权合同登记号：01-2020-7456



高效记忆力训练法

作　　者：[美] 纳尔逊·德里斯（Nelson Dellis）
译　　者：王鹏程　严　霞

责任编辑：侯　铮
出版发行：文化发展出版社（北京市翠微路2号　邮编：100036）
网　　址：www.wenhuafazhan.com
经　　销：各地新华书店
印　　刷：三河市嘉科万达彩色印刷有限公司

开　　本：700mm×980mm　1/16
字　　数：220千字
印　　张：18
版　　次：2021年5月第1版　2021年5月第1次印刷
定　　价：48.00元
I S B N ：978-7-5142-3362-9

本书若有质量问题，请与本公司图书销售中心联系调换。电话：010-82069336

# 序言

也许是因为我是一个神经外科医生，所以人们总问我一些关于大脑的问题。大脑有多重？它摸上去是什么感觉？它真的是灰色的吗？然而，和其他问题相比，我被问得最多的问题都与记忆力有关。几乎每个人，无论是年轻人还是老年人，都想改善他们的记忆力。

如何提高我们的记忆力是个很难回答的问题。我的简单答复一直是：试图专注于那些你真正想记住的东西。虽然提高专注力的确有效，但我知道必须有一个更好、更完善的策略。这就是我很高兴能认识纳尔逊·德里斯的原因。

初见纳尔逊，你注意的第一件事一定是他的体形。我不确定我期待中的记忆力冠军长什么样，但应该不是一个六英尺六英寸[①]的登山者的模样。第二件事是他所展现出的专注力。在这个很难让人们从各种屏幕上转移视线的时代，纳尔逊全身心地与我以及他周围的环境充分连接和互动。我很想知道他是如何做到这一点的。

我们是在佐治亚州亚特兰大的一座古老而美丽的豪宅——天鹅之家见的面，当然，我节目的主题是关于记忆力的。在我们尝试改进和提高记忆力之前，我想更好地理解是什么造就了四次美国记忆力锦标赛冠军和记忆力大

① 1英尺≈0.305米，1英寸=2.54厘米。

师——纳尔逊。

和许多想让自己身体或精神健康的人一样，纳尔逊很大程度上也是受与他关系密切的人所影响。他的祖母患有阿尔茨海默病，并最终因此而病逝。这点燃了他内心深处的火焰，并激发了他为改善自身记忆力而做出的巨大努力。

重要的一点是，纳尔逊并非天生就拥有任何超级记忆技能，而由于他的家族史，他面临记忆力减退的风险比普通人更高。毕竟，美国有超过五百万的阿尔茨海默病患者，而且这一数字每年都在增加。

在这里，我们没有夸大纳尔逊·德里斯的记忆能力。他能在5分钟内记住339位数字，在15分钟内记住217个名字。我在医学院学习过神经科学，但我几乎无法在鸡尾酒会上记住5个人的名字。纳尔逊是一名记忆力选手，也是一位非凡的老师。现在，是时候看看他能否教授给我一些记忆技巧了。我们决定记忆10位美国总统的名字，确切地说是第25任至第34任总统。（嘿，为什么不呢？）纳尔逊告诉我，天鹅之家，凭借其古老的魅力，它那些角落、缝隙和小饰品等，是创造“记忆宫殿”的绝佳场所。纳尔逊解释道，在这样的地方，人们可以真正存储大量的信息。这是一个理想的记忆宫殿。

他带我在房间里转来转去，开始让我想象打开我们左边的窗户，看到远处的麦金利山，寒冷刺骨的空气从窗户吹进了房间。我一想到这一点，就知道我永远不会忘记它。我不仅可以看到山脉，还能感受到我皮肤上的寒冷空气——我在写这篇文章时仍能感受到，它不断提醒着我：威廉·麦金利是美国第25任总统。窗户左边就是一个小酒吧，站着一只泰迪熊，喝着一杯饮料——西奥多·罗斯福（昵称泰迪）。“漂浮”在地球仪上的大木筏代表了我们第27任总统威廉·霍华德·塔夫脱。还有一个明亮的黄色网球，上面写着威尔逊的名字——伍德罗·威尔逊——砸碎了房间后面角落的一个落地钟。

我只花了几分钟时间，就把10位总统编码成图像，并放置在了记忆宫殿里。当时，我以为这些图像不可能一直留在我的记忆里，但距离我的宫殿之旅已经有一年时间了，现在我相信我会永远记住它们，甚至纳尔逊也称赞我展现了良好的记忆力，而这只花了他几分钟的训练时间。

当你深入阅读这本有趣又好玩的书时，请记住我们经常忘记的事情：全面、彻底地专注于某件事。这样，你不仅会记得更好，而且能更多地体验和享受生活。这本书将使非凡的记忆力成为你生活的一部分，你将找不到一个比纳尔逊·德里斯更有魅力的老师。我每天都在使用这本书中的技巧。如果你也这么做，你将永远不会忘记它！

桑杰·古普塔博士

埃默里诊所神经外科医生，美国有线电视新闻网（CNN）首席医疗记者

# 目录

## 07

## 让你成为记忆高手的最后绝招

# 01

## 我的故事，以及你为什么得听我的

每当我想记住一件事的时候，我总会忘记。

——小熊维尼

还记得上一次走出会议室，你能清楚地记得每个与你握手告别的与会者，是什么时候吗？还记得上一次你上网想登录许久没用的银行账户，你第一次尝试输入密码（大写字母和数字等）就搞定了，是什么时候吗？还记得上一次被问起“你下周二有什么安排”时，你一下子就说出了当天的行程，是什么时候吗？如果你不记得了，那可能是因为你根本就没有记——如果你真的是不记得了，那可能是因为你和这个星球上数十亿人一样，都没有完美的记忆力。我们大多数人都已经习惯了记性差所带来的挫败感，并且都有一些简单的应对措施。比如，称呼每个人都是“老兄”，每个网站都使用相同的简单密码，用手机拍摄停车位的标志或记录要购买的食品，等等。

似乎即使我们想刻意记住某些事情，但它们还是会被遗忘。有时，它们会在我们大脑里停留一段时间，但当我们不使用它们时，它们就会消失。和大多数人一样，在学生时代只有当我非常努力学习时（如花几小时背法语单词，或者一遍又一遍地做物理习题），我才能取得好成绩。但只要我将这些知识用于应付考试，那我把它们塞进大脑时有多快，忘得就有多快。记忆是枯燥乏味的，没有确切的原则可言，也不自带奖励机制——我只是希望它们能在我的大脑里停留整整一学期。

但是，也有些事情你永远都不会忘记，比如一个令人吃惊的、痛心的，并且改变了一切的时刻。有一次，我去法国探望我的祖父母。我祖母几年前被诊断患有阿尔茨海默病。上次我见她时，她已经很难想起她把拐杖落在哪里了，或者是把馅饼放在冰箱里还是放在厨房了。而这一次，她坐在我对面，却转向我的祖父，问他我最近怎么样，我是否打算来看望她——完全没有意识到我就在她身边。她病情的严重程度让我震惊。被你深爱的人遗忘，这样的事情会让你终生难忘。

我开始思考她的内心和我的内心所发生的一切。当我回到芝加哥时（那时，我刚搬到芝加哥没多久），我无法马上找到工作，所以我找了些事情来打发时间。在搬到芝加哥的前几个月，我把爬山作为我的爱好。但是，如果你对芝加哥够熟悉的话，你就会知道它周围并没有崎岖的高地。所以，我不再爬山，而是开始寻找精神上的提升——我可以通过一些小方法来提高自己，不仅增强我的技能，也转变了我的思维方式。

第一次尝试和数字有关——我学过数学和计算机科学，我认为脑力计算能让我在我的领域变得更加敏锐。在研究这一课题时，我发现了一个现象：在脑力计算世界杯①比赛中，那些优秀的参赛者，常常通过在计算中加入记忆技巧，使他们的大脑变得更加灵活。我对深奥的竞争并不特别感兴趣，但当我发现这些疯狂的脑力壮举的要素是能够连续记住一串数字时，我觉得这太酷了。就像数字让我着迷一样，改善我的记忆力意味着什么，以及失去它意味着什么——就像我祖母一样——这让我更加着迷。所以，我做了你也会做的事情，也许我们出于不同的原因：我拿起了介绍说明有“无限的心智能

① 比赛内容包括连加10个10位数和找到6位数的平方根这类基本的数学题。

力”和“激光般敏锐的专注力”的自助图书，开始学习。

## 我是如何获得记忆力冠军的

当我第一次拿起那本自助图书时，我并不知道有记忆力竞赛的存在，也不知道顶尖的选手都同样使用了有着2500年历史的记忆技巧。与我的假设（以及大多数知道我是记忆力冠军的人的假设）相反，顶尖的选手都不是记忆大师，而是记忆力一般的普通人，但他们训练得很努力，并且掌握了这些记忆技巧。我一直认为记忆是没有可塑性的：如果我的记忆力差，那它就不会变得更好。我先放下了我的固有看法——我觉得自己雄心勃勃，愿意尝试突破我的极限——很快，我就发现记忆技巧真的起作用了。

这些技巧起作用的前提相当简单：人类的大脑比其他动物的大脑更能记住某些类型的信息——任何涉及感官的信息，尤其是与视觉和方向感相关的信息，[①]它们比数字和概念等抽象的信息更容易被记住。因此，要记住那些比较难的信息，我们只需要运用一点想象力就可以将它们“转化”成更简单的信息。这意味着在你的脑海中将单词和数字转化为图像，并把图像设定为现实生活中的“锚点”（如不同的房间或交叉口），连接这些“锚点”的都是我们熟悉的路径，我们称之为“旅程”。

在这本书的前几章里，你将学到所有你需要了解的基本知识，但现在你需要知道的是：**记住任何事情的最好方法就是把它转化为一个头脑中的画**

① 不是疯狂的精神罗盘之类的东西，只是知道从一个熟悉的地方到另一个地方（例如，从你家的一处到另一处）。

面。当我开始学习的时候，我非常着迷，以至于我几乎不在乎如何在日常生活中运用这些技巧。在大多数情况下，我所读的书提供了一些在鸡尾酒会上给人们留下深刻印象的小技巧，也为想成为记忆高手的人提供了一些练习方法，而这些技巧的实际用途被我忽略了。我主要想靠自己来解决生活中的问题，比如面试服务生职位的时候，我靠背诵整个菜单来展示我的能力。当我得到这份工作后，我用新学到的记忆技巧记住了所有的订单（而不用把它们写下来），并且我记住了所有老客户的名字（这大大增加了我的小费收入）。我非常喜欢解锁我的记忆，以至于我开始练习那些专门测试记忆比赛参赛者的记忆方法（大多不切实际，但仍然很有趣）。比如，记忆扑克牌和非常长的数字。我沉迷其中，在很短的时间内就有了很大的进步，但我觉得我可以做得更好。

2009年年初，我第一次参加美国记忆力锦标赛（USAMC）。在参赛的几个月前，我才知道有这项赛事。如果你不知道美国记忆力锦标赛是什么，别担心，大多数人都不知道。简言之，这是一个为期一天的竞争性记忆力比赛，测试参赛者能多快、多准确地进行记忆。例如，记忆扑克牌、数字、名字、单词和诗歌，这里仅举几个例子。我第一次参赛的两年后，乔舒亚・福尔在他的畅销书《与爱因斯坦月球漫步：美国记忆力冠军教你记忆一切》中描述了该项赛事。福尔也写过2005年的美国记忆力锦标赛，在这个过程中，他发现掌握这项运动并不需要天生的记忆天赋。2006年，他作为选手参加了比赛，并获得了冠军。

当时，我还不知道福尔的故事，也没有读过他的书，但我知道，只要有足够的练习，任何人都能赢得冠军。遗憾的是，两周的严格训练还是不够的（我获得了第16名）。但是，这段经历让我有了要变得越来越强的动力，促使我像冠军那样去训练。后来，我成为这项比赛的冠军。

爬山和登顶时的紧张和兴奋是很容易被人们记住的，但通常不记得下山时的情形，除非发生了戏剧性的事情。当我从德纳里峰（也就是北美最高的山峰麦金利山）下山时，我三周以来第一次登录社交媒体，得知了一个毁灭性的消息：我的祖母去世了。这种震惊和悲伤完全冲散了我登顶的快乐。然而，在这令人不安的时刻，我寻找并且找到了我生活的目标。那就是，我能击退这个夺去我祖母和其他人心智的疾病吗？我能让我的头脑更敏锐，而且更健康吗？我能提高我的记忆力，并帮助别人做同样的事情吗？

所以，我开始每天训练几小时，练习记忆锦标赛里的每个项目。你不用了解我训练过程的细节，但简单地说，我知道如果我想击败世界上最好的选手，就必须比他们练得更多。那一年（2010年），我获得了第三名。第二年，我更加努力地训练，最终成为美国记忆力冠军。2012年，我又赢了。遗憾的是，在2013年的决赛中，一个小小的错误[①]让我止步亚军，但重要的是，这让我有了更大的动力。2014年，我重获桂冠。2015年，我又一次夺冠。一路走来，我打破了美国的许多记忆纪录，[②]并获得了“杰出记忆大师”的称号，我也是世界排名前50的记忆运动员之一。尽管我为这些成就感到自豪，但成功带来的最好的一点是，它给我提供了一个机会，让我可以随

---

① 给读者和我自己的提醒：如果有人要求你记住一副牌，不管赌注有多大或多小，都要问清楚他们是想让你从前背到后还是从后背到前。

② 我在一段时间内保持了以下纪录：记住一副牌的最快时间（40.65秒），5分钟内记最长的数字（339位），15分钟内记最多的单词（256个），30分钟内记最长的数字（907位），30分钟内记最多的纸牌（9套零2张）。现在，我仍然保持着美国15分钟内记最多名字的纪录（217个）。

时向他人讲述记忆技巧，向他们展示学习记忆技巧并将其应用于生活中是多么轻松和有趣，这甚至会改变我们的命运。

## 生活中的一天（记忆力提升后）

我不能教你如何拥有完美的记忆力——甚至我自己也没有。我做不到看一眼照片，就能告诉你照片里的每一个细节。我也做不到拿起一本书，翻到任何一页，然后立即把书上的内容逐字逐句地记住。但是，我能做到的是（我相信你也能做到），闭上眼睛，就能想起我认识的人、我去过的地方、不同类型的动物、不同类型的汽车——所有对我有意义的东西。这些是我用来增强记忆力的东西（相信很快你也会这么用）。记住和遗忘之间的区别并不总在于你是否能从脑海深处搜寻到任意你记住的东西，更多的情况取决于你是否用你能记得的方式，把它们放在你的记忆里。

那么，能够记住你老是忘记的事情会是什么感觉呢？一旦开始使用这本书，你很快就能体会到。你会发现它能将正常的一天变成相当狂野的一天——从好的方面来说。

通常，我醒来时都是在加斯·阿尔格（达纳·卡维在《反斗智多星》中扮演的角色）时间，也就是早上7:27。然后，我去健身房开始当天的锻炼。首先，托尼·布莱尔悬挂在一盏吊灯上，对它彻底进行了清洗。其次，是50美分（美国说唱歌手）飘浮在空中做着深蹲。最后，燕尾服下包裹着滑稽的胸肌和肱二头肌的詹姆斯·邦德跳向这位英国前首相和说唱歌手。所以，这就是10次（同唐宁街10号，首相官邸的地址）高翻、50次空气深蹲和7

早上7:27，加斯・阿尔格时间
托尼・布莱尔悬挂在一盏吊灯上，对它彻底进行了清洗。

肌肉男詹姆斯・邦德（007）高高跳起=7个双力臂
50个深蹲=50美分做深蹲

（或007）次双力臂。[①]

锻炼完后，我回家洗澡。就像大多数人一样，我也是在家里确认当天待办事项的清单。如果清单不长，我会把它保存在我为今天准备的“旅程”中[②]——我在马萨诸塞州剑桥的旧公寓。

在前门，我给所有的联系人发了一张布莱恩（我的商业伙伴）令人尴尬且不合时宜的照片。哇哦！（别担心，布莱恩——这不是为了吓唬你，而是为了吓唬我，让我记得给你发电子邮件。）在厨房里，我在笔记本电脑上浏览我公司的网站。这时，一个建筑工人将一个破球砸到了电脑屏幕上，吓了我一跳，当然——足以提醒我稍后要在网站上工作——但我必须继续往前走。我来到客厅，那里有一个巨大的飘浮着的大脑。它有着完整的面部特征，一边盯着一副牌，一边试图记住它们。我不知道这是谁的大脑，但这并不重要，随后做记牌练习时，它将会是我的大脑（我承认我的比它小得多）。最后，在我的卧室里，我和奥斯卡·德·拉·霍亚一起训练。他穿着4号球衣，练习刺拳和上勾拳。

一旦我洗漱完毕并穿戴整齐，我就会把这些图像“付诸行动”：我会坐下来给布莱恩发一封电子邮件；花点时间在我的网站上工作，进行记忆训

① 对于那些熟悉CrossFit（一种健身训练体系）运动的人来说，高翻是一种常见的举重动作，就是将杠铃从一个“悬空”的位置（杠铃挂在膝盖上方）举到三角肌的交叉位置。空气深蹲是一种自重练习，蹲下然后再站起来的动作。双力臂是一种夸张的拉力练习，上半身需要保持在单杠上方，手臂上端完全锁住。

② 关于“旅程”的一个常见误解是：你只需要一个地方，就可以把所有要记住的东西都塞进去。事实上，如果你有规律地使用它们，并且不想把它们搞混的话，你至少需要好几个地方。如果你学点东西（比如，你是个历史爱好者，想记住历任美国总统的名字），你就需要一个指定的地方来记忆。

练；下午4点和一个客户一起去赶火车。

我去赴约的时候，在街上碰到了一个认识的人。他脸颊上的伤疤让我想起我在一次聚会上遇到他时，想象着一只狗在咬他的脸。我对这个关于狗的想象感觉有点内疚，但要不然我怎么能记得他的名字呢？[①]我像问候老朋友一样问候他："嘿，迪奥戈！"我们约好一起吃晚饭，他让我办完事后给他打电话。他给了我他的号码——305-399-3026，但我很着急，所以我没时间把它记在手机里。我闭上眼睛，想象尤利西斯·格兰特（为了帮助自己记住这个数字，我故意把他和305联系在了一起）和忍者神龟米开朗琪罗（399）一起，在蛇（26）的头上试戴假发（30）。

当我去和迪奥戈吃晚饭的时候，他带来了上次和他一起参加聚会的朋友。他的朋友是一位个子很高、金发碧眼的女士，她吸引了我的注意。我记得看到他们变成了《星球大战》里两颗明亮的蓝色行星，提醒我她的名字是莉亚公主（也译作莱娅公主）……好吧，更确切地说，就是莉亚。[②]"莉亚，很高兴见到你！"

只是很普通的一天，对吧？

当然，我的大部分时间都花在了与记忆力相关的事情上。作为记忆力竞赛的参赛选手、该项运动的大使、记忆力培训老师和关于记忆训练变革力量的演讲者，即使在下班的时候，我也经常被要求进行这样或那样的记忆力展示，我的朋友们很少让我度过一个没有记忆力展示的夜晚。记忆训练在很多方面改变了我的生活，尤其是让我克服了对遗忘的挫折感和恐惧感，而且这

① 他的伤疤实际上是一场危及生命的车祸造成的。

② 现在，莉亚是我的妻子！

个过程比我想象的更有趣。

你已经知道忘记事情是多么令人沮丧，当你绞尽脑汁，终于想出你想要的东西时，是多么令人欣慰。这可能是你拿起这本书的主要原因，但我希望你的目标能比获得解脱更高一些。记忆应该是快乐的——不光是因为你可以在需要的时候想起你需要的东西，而且存储记忆这个行为本身就是一次冒险。这就是这本书存在的原因：**不仅帮助你在日常生活中提高记忆力，而且会彻底改变你对记忆方法的假设和期望。**

## 这本书将如何帮助你提升记忆力？

再也不会让你成为记忆力受害者！这本书将帮助你记住那些你总是痛恨自己忘记的日常事情。我最初决定写这本书就是为了帮助那些日常生活中需要记忆力的人。已经有很多关于记忆力的图书了，那我的方法有何不同呢？当然，其他关于记忆力的图书也能很好地讲述记忆技巧，但没有一本书能将这些技巧与所有人所经历的日常事务联系起来，且不论其年龄、职业或社会地位的不同。我们都知道，生活时不时地会丢给我们一个又一个的“球”。这本书和我的方法就好比给了你一个上了油的棒球手套，让你可以任何时候都稳稳地抓住任一来球，一点问题都没有！

这本书也可能帮助你赢得记忆比赛，如果这是你想要的。但这些并不是我写这本书的原因。我想教你如何充分地、最大限度地利用你的记忆——也就是说，如何把那些已经进入你意识中的东西——无论是真实的还是虚构的，用你能想到的最强大的图像来记住。这些都是赢得比赛的技巧，但更重要的是，这些都是从一个普通的、可信赖的家伙（就是我）这儿直接获取的毕生技巧。

现在，当我说“强大”的时候，是指那些能帮助你把抽象的东西（如数字）变成更具视觉效果的图像——我指的是可能让你咯咯笑或者让你起鸡皮疙瘩的狂野或奇异的场景，最重要的是，它们是如此荒谬，以至于令人难忘。这本书不是一本干巴巴的自助书，而是响亮的、别出心裁的、丰富多彩的，还有，哦，是的……让人难忘的！

无论你是想一次只学一个技巧，来解决生活中的一些小挑战，还是想训练记忆力，让自己的头脑更灵活，这本书都能帮到你。当你想到任何需要更好的记忆力的情境时，在书中就可以查找到相应的页面，你还能学会如何在这种情境下永远不要忘记。在这本书中，没有明确的线性路径可遵循（除了最开始那些必须阅读的“基础”章节外）——这是本书的美妙之处，也没有无聊的关于每天训练时间或训练内容的建议。你负责自己的学习进度。

这本书的目标是让你永远不再忘记事情，而且确保你永远不会忘记那些对你的生活有用的事情。当你对自己说，“该死，我忘了……”，这本书很可能就有一个章节可以帮到你。你可以从一个章节跳到另一个章节来阅读，也可以从头到尾读完整本书。无论以何种方式阅读，你都能“带走”帮助你掌控自己记忆的小贴士和小窍门。

让我们开始吧！

啊！

# 02

## 开始阅读前
## 必须记住的事情

这是相当奇怪的，人们在记忆中搜寻信息时，

就像在图书馆里找一本没有编号的书……

——道格拉斯·霍夫施塔特[①]

快速回想一下你的小学时期，试着记住以下问题你想到的第一件事：你从最喜欢的老师那里学到的东西是什么？你给朋友留下深刻印象的琐事是什么？答案也许是这首《50个州的节奏》的歌曲，你按字母顺序背诵美国所有的50个州：

亚拉巴马州，阿拉斯加州，亚利桑那州，阿肯色州，加利福尼亚州，科罗拉多州，康涅狄格州，特拉华州，佛罗里达州，佐治亚州，夏威夷州，爱达荷州，伊利诺伊州，印第安纳州，艾奥瓦州，还有35个……

或是背出英国历史上的统治君主，并用《好国王温塞拉斯》的曲调唱出：

……威廉，威廉，亨利，史蒂芬，亨利，狮心王理查，约翰，亨利三世，爱德华一、二、三世，理查二世，亨利四、五、六世……然后是谁……

① 道格拉斯·霍夫施塔特的著作《哥德尔、艾舍尔、巴赫：一条永恒的金带》是我最喜欢的书之一。如果你对音乐、数学和逻辑感兴趣，我强烈建议你阅读它。读起来会有点吃力，但会有巨大的回报和精神满足。这本书激发了我对认知和记忆的兴趣。

或者就简单地按顺序说出九颗行星（好的，八颗也行，如果你是2000年以后出生的人）。你能做到吗？如果你做到了，你可能没有用一首歌，而是用一个句子作为辅助记忆的工具，类似于：我受过良好教育的母亲刚刚给我们做了九个比萨饼（英文原文中，该句子九个单词的首字母等同于九大行星的首字母）。

当你学习五大湖时，你的老师会让你记住“HOMES”（家）这个词，对吗？其中H代表Huron（休伦湖），O代表 Ontario（安大略湖），M代表Michigan（密歇根湖），E代表Erie（伊利湖），S代表Superior（苏必利尔湖）。我甚至都不用提醒你这件事，对吧？

对我来说，毫无疑问，我想到的第一件事是我在二年级时从格林伯格太太那里学到的希腊字母歌曲：

阿尔法、贝塔、伽马、德尔塔、艾普西隆、泽塔、伊塔、西塔、约塔、卡帕、拉姆达、谬、纽、克西……

我记得很清楚：格林伯格太太在黑板上画了一整张希腊字母表，我坐在课桌前，打开了笔记本，手里拿着铅笔盒，准备拿出任何必要的学习用具来赢得A++的好成绩。结果却是一首歌！我甚至不知道它是什么调，但我可以唱整首希腊字母歌曲，就好像我又回到了6岁一样。

从我们小时候起，我们的大脑就会被印刻上各种形式的知识。不管是那些帮助你记住二次方程[①]的花哨歌曲，还是帮助你记住法语中所有不规则动

① 在YouTube上快速搜索“二次方程歌曲”，就能找到数百首虚构的歌曲，帮助你记住你童年时那个长长的方程式！

词[1]的愚蠢的首字母缩略词，我们都在很小的时候就接触到了这些最基本的记忆技巧。

这些记忆技巧显然在当时很管用，但你能解释为什么老师能让你在这么多年以后依然记得当年所学吗？是因为把你所学的知识变成了一首歌，或是变成了一个有趣的句子，抑或是变成了一个简短的缩略词？是这样吗？如果你用新学的知识来试验，二十年后，你还能记住这些新知识吗？对这个问题的诚实回答是“可能不行”。但是，为什么不行呢？

虽然我们的老师教给了我们一些小的记忆技巧，但是没有真正教会我们记忆是如何工作的，以及如何将记忆技巧的基本原理运用到在学校里学到的每一件事情上（以及以后的职业/社会生活中）。事实上，可悲的事实是，没有一个人真正接受过如何使用记忆的正确指导。我的意思是，为什么你小时候学过的一首动听的歌，能让你至今都记得美国所有的50个州，你却记不起今天早些时候遇到的那个人的名字？不可思议，对吧？

接下来的几章中，你将会学到很多记忆策略——那些老师本应该在你小时候就教给你，却一直没有教的。但第一步是开始以不同的方式思考你的记忆是如何工作的，以及如何最大化地利用它。我们必须消除一些一直与我们共存着的可怕的反记忆观念，这样你才可以带着你本该拥有的对记忆的信心全力以赴。如果你相信以下三种错误观念中的任何一种，那你就不仅错了，还在拖自己的后腿。

---

① “MRS · R. D. VANDERTRAMP”是你能记住的短语，每个字母都代表一个不规则的法语动词。

## 需要忘记的三件事

### 1. 有些人天生就有完美的记忆力，你却不是其中之一

我经常听到这句话，这可能是大多数人在改善记忆力方面面临的最大障碍。我明白了：我所做的看起来令人难以置信，如果你以前从未尝试过，你可能会认为它不会自然而然地发生在你身上。事实是，你我之间唯一的区别是，我比你早了十年开始。在这十年里，我做了大量训练，这就是击败那些每年都在变得越来越好的竞争对手所需要的。但在我开始训练的时候，我没有任何特殊的优势，也没有我可以与之竞争的人。乔舒亚·福尔在一年内从好奇的旁观者变成了美国的记忆力冠军，我花了差不多同样的时间。虽然我已经提高了我的记忆力，但我并没有拥有完美的过目不忘的能力（也没有其他人拥有这样的能力，无论他们告诉你什么。请参阅下面的专业提示，以了解更多相关信息）。同样值得注意的是，很久以前我也一点都不擅长记忆任何东西。每当你感到不知所措或因为记忆力没有提升而感到沮丧的时候，永远记住——我以前也这样！

就像我说过的，记住和忘记一条信息之间的区别不在于能否把它从你的大脑中提取出来，而是在于它有没有以一种令人难忘的方式进入你的大脑。你必须忘记所有你对自己糟糕记忆力的抱怨，并意识到你一直以来都在用错误的方法记忆。

然而，大量的科学证据表明，有2%到10%的青春期前儿童具有所谓的“特征记忆”，但它并不存在于成年人中。拥有特征记忆的人通常可以看一

张图片30秒，把目光移开后，能回想起图片上大量准确的细节。尽管如此，他们还是会犯错误，偶尔会自己创造出一些细节。几分钟后，他们的特征记忆能力会减弱到人类的平均水平。没有人知道为什么会这样，也不知道为什么这种能力不能持续到成年，但一些理论表明，言语表达——无论你是大喊一声“嘿，我看到一只粉红剑齿虎”，还是轻声对自己说话，都会干扰到特征记忆能力，而成年人比孩子更多地使用言语表达这种方式。

**小贴士**

在我看来，超人般过目不忘的能力是不存在的，所以不要强调你没有这种技能。在某种程度上，我们都被人类超能力的概念所吸引——这种迷恋推动了价值数十亿美元的电视、电影和漫画产业的发展，并制造了许多所谓的“天才”。在《与爱因斯坦月球漫步：美国记忆力冠军教你记忆一切》一书中，福尔讲述了他与两位所谓的著名学者的相遇经历。然而，尽管他们的记忆力令人惊叹，但他们也不具备像拍快照般的记忆力——至少在任何方面都与真实的快照相去甚远。

### 2. 有些人是视觉学习者，而你不是其中之一

这是我一直听到的另一种误解。当然，你可能更喜欢听别人说话，而不是读取被记录下来的信息，或者你只是喜欢用书写记录事情，这能让你更加

专注。但是，如果书面文本是你所理解的视觉学习，那只能说明你了解得还远远不够。

视觉学习实际上与你眼睛所看到的几乎没有什么关系，而是与你头脑所“看到”的密切相关。获取信息时，你会读取它，或是边读边记录下来，你所做的这些都是在给予它足够的关注。你可以用任何你想要的方式来保持你的注意力（稍后我们还会提到，集中注意力占据记忆力的很大一部分），但集中注意力只是第一步。

在你的脑海中创造一个视觉画面，真正的学习——或者使用一个更技术性的术语——编码才刚刚开始。当你回想起你最喜欢的童年记忆时，你看到的是文字在你的脑海中滚动，还是看到了面孔和场景？我们经常以数字或文字的形式接收信息，这并不意味着你不能用图片的形式对其进行编码。除了你头脑中的画面以外，你所有的感受——不管你如何给予它们注意力——都是有用的。你能在脑海中添加的所有东西，无论是声音、气味、口味还是纹理，都会给你的记忆蛋糕锦上添花。

### 3. 你的大脑只能容纳这么多信息

阿瑟·柯南·道尔爵士的《血字的研究》中有这样一幕：华生博士震惊于福尔摩斯认为是太阳绕着地球转，而不是地球绕着太阳转。华生先要纠正他时，福尔摩斯说他要立即忘记这一事实。为什么？因为福尔摩斯认为自己的大脑里没有任何空间了，它已经装满了与侦探工作相关的信息。“每增加一些知识，你就会忘记以前知道的东西。”这是一个有趣的理论，好比头脑里的信息遵循着一进一出的原则。哦，天哪，这完全不是事实。

根据西北大学大脑、行为和认知项目主任保罗·雷伯博士的说法，大脑储存信息的确有上限，但这上限是任何人都无法企及的：接近100万GB[1]。如果有一台这么大容量的DVR，你就可以存储300万小时的电视节目，或者超过342年不间断地进行录制。你可以逐字逐句地记住这本书，还有世上所有其他的方法论，并且还有剩余的储存空间用于记忆太阳系力学。

这样，你就可以忘记福尔摩斯告诉华生的大脑内部运作原理（尽管记住它也不会对你的大脑造成太大负担），只要记住他说的是错误的。

既然我们已经推翻了这些谬谈，也已经把你大脑中的杂念清除了，那让我们插入三个简单的词语，来帮助你记住所有的事情……

## 需要记住的三个词

### 识别—链接—整合

在学习记忆技术的过程中，当最终有机会与世界各地的听众、学生以及其他人分享所学时，我意识到我需要一套简短、简单、可靠和令人难忘的指令，让我可以教会任何人在任何需要记忆的情况下都可以遵循的步骤。

人们很容易深陷于记忆技术的所有细微之处（我们稍后将讨论这些细节），但我近乎完美的三步骤记忆法能把每一个记忆环境都归结为最基本和最简单的东西。你真的可以把这三个词用在你想记住的任何东西上。

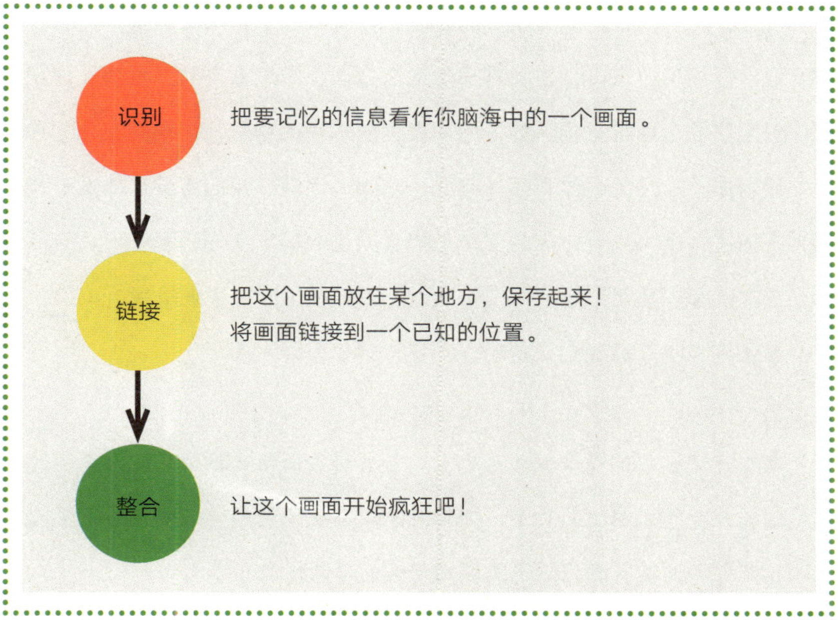


## 识别

最重要的事，如果不集中注意力，你就会看不到。说真的，记住某件事的关键，一半都和注意力有关。每当我被要求给出一个快速提升记忆力的诀窍时，我一定会说：“集中注意力。”这似乎是一个简单到不能再简单的答案，但在这个时代，我们的注意力是稀有资源，因为我们周遭充斥着各种让我们分心的事。

正如你将看到的，改善记忆力游戏的名称是“记得集中注意力”。当然，这需要更多的记忆力！哈哈！但不要担心，你对记忆技巧了解得越多，对它们掌握得越好，就越能自然地意识到自己的记忆。作为回报，你就能记住更多。这点我可以保证。

现在，一旦处于注意力集中的状态，你就做好了**识别**的准备。接着，你需要做一件（坦白来讲，在我看来是记忆力训练中最重要的）事情：你需要把你想记住的东西视觉化。为了向你表达清楚我的意思，让我们花几分钟时间一起合作——是的，你和我一起——来画一幅画。我们需要这样做：我会用文字描述一个小场景，你的工作是把我描述的场景在你脑海中形成一部电影，来描绘和展示每个细节（换句话说，用可视化的方法来呈现）。

准备好了吗？那我们开始吧。

想象一下，你站在平坦的草地上，看着轻柔的微风摇动着有脚踝高的小草。这是一个阳光明媚的日子，万里无云。草是绿色的，天空是你所见过的最深的蓝色。天气有点闷热，能闻到夏天的草的味道。

你看到一台拖拉机从远处向你驶来，你可以听到它在行驶中排气管发出的声音。当它越来越近的时候，你会看到一些东西——不寻常的东西。开着拖拉机的是一头巨大的灰色大象——象鼻和象牙随着拖拉机发出的微弱拍子摇摆，大象让这台拖拉机看起来显得很小，它就像坐在三轮车上的成年人一样。

随着拖拉机越开越近，我们的前总统乔治·W. 布什（George W. Bush）不知从哪里冒了出来，他一边抽着烟，一边走着迈克尔·杰克逊的太空步。想象一下他的海军蓝西服和他的小眼睛，他那我们都很熟悉的总统式的傻笑/耸肩。他深深地吸了一口烟，当他越来越靠近拖拉机的时候，他把烟头扔到了远处一只乌龟的壳上。

这只乌龟自顾自地坐在草地上，用蘑菇弹吉他。是的，没错，蘑菇。它正用蘑菇弹吉他，它几乎没有注意到刚才从它外壳上弹下来的烟头，因为它继续疯狂地弹奏着，好像在弹蒙福之子乐队的歌曲。

让我们快速回顾一下这一切：有一只大象开着一台拖拉机，然后乔治·W. 布什一边抽着烟，一边走着太空步，他把烟头弹到了一只用蘑菇弹吉他的乌龟身上。

这很奇怪吗？是啊，很奇怪。这到底是怎么回事？实际上，这是一串24位的数字：

554965750728704249953446

哎，不用担心这些数字的顺序，也不用担心这些角色和他们的行为是如何代表这些数字的，重要的是想象这个故事所描绘的画面还是很容易的。这不需要太多的努力，这几乎是自然而然的。是的，所有这些几乎都是虚幻的，甚至是不可能的，但这并不重要，因为我们的大脑具有想象力。实际上，我们都很擅长这一点。我们就是这样想象未来、创造新事物并回忆过去的。刚才的故事令人难忘，但那一系列数字就不行了。看着那些数字，只会令人望而生畏。这并不是因为你的大脑不擅长记这些，而是没有任何一个大脑擅长这一点。

我们的大脑是在我们遇到的事情都很简单的时候形成的——那个时候，我们每天遇到的事情是完全视觉化的。为了生存，我们必须记住这些东西。比如，识别植物的样子来判断它是否有毒。没有数字，没有名字，没有地址，没有诗歌……什么都没有。但是，随着时间的慢慢推移，这些东西进入了我们的社会和文化，令我们的大脑抓狂并尖叫："啊，这些东西是什么？！我不习惯它们！把它们带走！或者至少让我把它们写下来，这样我就不用再去想它们了！"

重要的一点是，大脑更喜欢画面而非抽象概念，如数字和字母。因此，第一步，当需要记忆时，我们总是找到一种方法把大脑觉得困难的东西转化成它可以**识别**并觉得容易记住的东西。

## 链接

一旦找到了让大脑**识别**它所要记忆内容的方法，下一步就是把它**链接**到大脑中的某个位置。我们都知道并熟悉计算机的内存存储，对吗？我的意思是，因为内存不够，我们是不是经常疯狂地删除智能手机里的照片，来为新照片腾出空间？或者，我们是不是经常购买最新款的外部硬盘来存储数量庞大的音乐、照片和视频？我们创建的信息越多，就需要越多的空间来存储它们（如果这本书是电子档的，它就有千兆字节）。为什么这个概念对计算机来说是有意义的，而对我们的大脑却没有意义呢？不管你想还是不想，事实上，我们的大脑都会处理信息，并将其存储在复杂的神经网络中。虽然你可能总体上表示同意和理解，但你肯定会想：“我怎么才能有意识地在自己的大脑中将信息存储在一个特定的位置呢？”

可以这样想：你正在处理计算机上的文档，并且希望保存它。你会怎么做？是点击“保存”按钮，对吗？然后会发生什么？首先会弹出一个小框，要求你为新创建的文件命名（很可能以“.doc”或“.txt”结尾）。然后，你需要将其存储在指定的文件夹或位置（如“文件”）。我们被告知要这样操作，是因为发明计算机的聪明人希望有一种简单的方法让我们以后还能找到该文件。（你知道这是一个文档，因此它很可能存储在“文件”的文件夹里，然后通过搜索文件名进行查找——哇，找到了！）现在，假设没有发生上述情况——当你单击“保存”按钮时，文档被保存在计算机的某个地方，但是计算机没有给你提示，告诉你如何给它命名并确定储存位置，也没有通知你文件已保存成功。哎呀，那计算机世界将一片混乱。

我讨厌这么说，但这就是你大脑的样子。记忆信息时，你在没有给它们适当的文件名和存储位置的情况下就进行了保存——难怪你很难找到它们！当然，你偶尔能想起它们，但大多数时候你就想不起来了。难道你不想有一个像计算机一样的程序来保存和加载信息吗？嗯，你可以做到的，这就是**链接**步骤的意义所在——把你头脑里的画面从**识别**到保存到一个已知的位置。思考如何做到这一点似乎有点奇怪，可能会让你的大脑“发痒”，甚至听起来根本不可能实现，但实际上这是相当容易做到的。正如我前面提到的，几百年来古人都是这么做的。

我将简要地介绍一下大脑存储图像的基本技术（并且在整本书中会有更深入的介绍），但是我想让你们熟悉的主要概念——是的，你猜到了——那就是**链接**。想象一下，一个链环（它通常是一个结实的金属块）紧紧地包裹在另一个金属块上。有时，这个链环以长链条的形式出现；有时，链环的一端被链接或锚定在某个点上。在任何一种情况下，链环都是以一种被认为牢不可破的方式链接到某个事物上的。在物质世界中，这是有意义的，但是在头脑的无形世界中——什么可以作为你链接新信息并且保证牢不可破的链接点呢？答案是：你已经知道的事情！

想想你知道的事情。澳大利亚的首都——你知道吗？字母表的第三个字母是什么？或者，你所在星球的名字是什么？又或者，你知道薛定谔方程吗？有些事情，你可能曾经知道，或者当你恰巧正确地记住它们时，你就知道了（就像澳大利亚的首都——顺便说一句，是堪培拉）；有些事情，你肯定不知道（比如薛定谔方程，除非你是物理学家）。还有一些事情，你甚至连想都不用想就肯定知道（第三个字母是什么和我们星球的名字）。你所知道的事情（比如你的手背），可以用来链接/锚定新的信息。事实上，你的大脑已经做了很多这样的事情。当你被灌输一个新的概念时，一个好的老师可能会用隐喻的形式把它和你已经知道的其他东西联系起来。或者你甚至会问："这有点像另一个东西，只是有点不同吗？"举个例子，如果你唯一知道的动物是狗，而我正试图向你解释什么是鸟。对于你来说，了解一只鸟是什么的最简单的方法，是我用狗来解释它，因为它是你唯一知道的动物。我可能会说："鸟比狗小一点，它有翅膀，会飞。"

综观这本书，你会发现有不同的策略，首先要**识别**，然后还要**链接**。有几种不同的方法可以把你已知的信息作为链接点来记忆新的信息，下面简要地概述了这些方法及其要点。当它们在本书其他章节再次出现时，会有更深入的探讨。关于**链接**的基本概念，会在**整合**步骤中更为清晰，但它其实很容易，就是把你**识别**的画面和某个地方联系起来。你很快就能上手的，别担心！

### 1. 简单联想

简单联想是指使用你所熟悉的并且已经存在于你脑海里的事实、想法或画面，然后把新信息与脑海里的这些信息链接/锚定/联系到一起。这种技巧非常适合一次性记忆或记忆简短的事实（可以在第三章找到一些例子）。

### 2. 链接法

链接法是一种简单的记忆法，适用于按特定顺序记住一个简短的事物列表。链接法的关键是交互：在头脑中为列表上的每一项拍摄一张照片，并让它们与列表上的下一项产生交互联系（想象它是一根链条，一环套着一环）。每一次交互联系都会形成一座桥梁，将一个点链接到另一个点上，从而创建一个无缝链接的序列。这样，你就不会跳过列表上的任何一项了。所以，不用试图记住购物清单上八件不同的商品，你只需要记住第一件，也就依次记住了剩余的每一件（可以在第四章找到一些例子）。

### 3. PEG法

PEG法是另一种基本记忆技术，它弥补了链接法最大的缺点之一：要想记住一个列表，你必须按顺序从第一项记到最后一项，中间不能跳过。该技术解决这一缺点的方法是，通过使用“钉子”（提前熟悉列表上的每个图像）来“锚定”需要记忆的每一项，而不是将所有内容都链接到一长串图像上。这听起来有点不可思议，但它非常简单，而且非常有效，可以真正记住任何列表——你可以像记忆力冠军一样，将列表正着记或者反着记（可以在第四章找到一些例子）。

### 4. 旅行法

汉尼拔·莱克特、夏洛克·福尔摩斯、伟大的古罗马雄辩家西塞罗和几乎每一个有竞争力的记忆力冠军（包括鄙人我），有什么共同之处？我希望我能说是解决犯罪问题的天才，或者是言行一致的代表（如果我说我们都喜欢偶尔喝点基安蒂红酒，这可能也是一个答案）。但这些都不是，我们的共同之处是我们都掌握了“记忆的艺术”，它在公元前93年罗马教科书《修辞学》里被首次提及。而今天，它有好几个名字：Loci法[1]、建筑记忆、罗马房间术、记忆的宫殿、旅行法。而我最喜欢最后一个名字。

有个著名的故事是这样的：公元前5世纪，在某次聚会时发生了悲惨的屋顶倒塌事件，希腊诗人西蒙尼德斯作为唯一的幸存者，被问到谁可能被埋在废墟下。他没能说出他们的名字，但当他闭上眼睛，回想起餐桌上的情景时，他突然发现：当他绕着餐桌一圈一圈地走时，他能记起每一位客人。他记住的不是他们的脸，而是他们的位置。当时，最常用（也是最有效）的记忆方法——“旅行法”就是这么诞生的（稍后会有更多的介绍）。可悲的是，两千五百多年后，只有参加记忆竞技的选手和少数记忆爱好者才会使用这种方法。虽然它不再被广泛用于记忆，比如荷马的作品（或者荷马·辛普森的影片目录），但它仍然是最好的记忆工具——几个世纪以来，它不知何故就失传了。

和PEG法一样，旅行法的工作方式也是将你想记住的信息与你已经知道的事物列表联系起来——但这一次，这个列表是一条路线或一段旅程中的好几个站点，而且是在一个真正的地方——你所熟悉的地方。想想你的家、你的办公室，或者你最喜欢的公园——这些都是你脑海中印象深刻的地方。你可以闭上眼睛，在脑海里轻松地畅游。在你脑海里的空间，那些旅程是由沿途的不同地点（前门、玄关、楼梯、厨房等）组成的，这将为你需要记住的信息提供一个位置。听起来有点复杂，但老实说，一旦你开始尝试了，就会发现它是非常容易的，而且我们将在整本书中进行大量的尝试。

旅行法的最大优势是你的大脑对空间的想象是一种本能。你是否曾经

① Loci是Locus的复数，在拉丁语中代表特定的位置或空间。

听到收音机里传来的一首歌，就立刻想起你第一次（或者最后一次）听到它的地方？你是否曾在看一张老照片时，不仅记得它是在哪里拍的，还记得附近的街道和地标？我们大多数人把这种空间意识想成是理所当然的，但事实上，我们海马体中有专门的细胞——大脑中主要负责将短期记忆转化为长期记忆的部分——帮助我们在空间里导航，并永久地记住这些地方。最近，宾夕法尼亚大学的神经系统科学家发现了海马体中“地理标记”的证据，这使得我们能够记住特定记忆最初形成的地点和时间。地理标记在我们记住这些记忆之前就被激活了，这意味着它们不光是额外的细节，更是打开我们大脑的钥匙。使用旅行法，我们可以刻意将这些地理标记印在我们想记住的任何东西上（可以在第四章找到一些例子）。

## 整合

好的，到目前为止，你已经找到了方法来**识别**需要记忆的东西，并**链接**它们——现在，你需要利用你所掌握的，真正**整合**！让我来解释一下这意味着什么。

如果你需要快速记忆一些东西，那么想象一个画面（**识别**），并把它放在某个位置（**链接**）就可以了。但是，如果想让记忆持久的话，你就得真正**整合**！在这记忆三步骤的最后一步，你要把所有的东西都黏合在一起，并加入额外的魔法成分，就像工业强力胶一样，把记忆的信息紧紧地黏合在一起。

你需要这么做：把你已经**识别**的东西和已经**链接**的东西合二为一。换句话说，就是把你脑海中想记忆的视觉图像“粘”在你选择的位置/锚点上，或想象它处在那些位置/锚点上。你头脑里有一个画面，现在你所要做的就是在这个画面上加入更多的风景细节——更加让人身临其境，这些都能起到紧密黏合的作用。至于额外的魔法成分，这涉及你想象的场景（画面和位置的合二为一），并包含三样东西，我喜欢称之为**感官过载（SO）、荒诞性（GA）**和**移动属性（MA）。**

**感官过载（SO）**是一种通过使用你的其他四种感官来与你脑海中的视觉图像建立更多心理联系的方法。当谈到视觉时，我并不仅仅指视力所及的视觉（我们实际上并不是只用眼睛“看到”事物——它们都在我们的头脑中）。我的意思是，在你的脑海里创造一个各种感官体验和互动的场景。震撼力也在这里发挥作用，特别是当你只是想存储一些基本信息，而事实真相并不那么重要的时候。

例如，想象一个比萨。试一下，当你读到“比萨”这个词的时候，你脑海中浮现的是什么？让你脑海里的画面停留一会儿。当然，你知道比萨是什么样子的——所以这很容易想象。不过，你也可以想象它闻起来、吃起来、摸起来，甚至听起来的感觉。为了在你的头脑中创造超级记忆，你必须调动你所有的感官（而不仅仅是视觉），把它们的灵敏度都调到最高值，来想象最奇异的比萨场景。这意味着奶酪不只是在冒泡和嗡嗡作响，而且在发出疯狂的咯咯声（听觉）。油脂滴下来，烫伤你的手（触觉/感觉）。更好的是，你的手都着火了，因为比萨太烫了。它闻起来和吃起来可能都不像比萨——也许它闻起来更像下水道的味道（嗅觉/味道）。在那之后，你可能不再那么渴望吃比萨了。但如果它带动了你的情绪，无论是恐惧、愤怒、欢乐、悲伤还是痛苦，那么它都会在你的记忆中注入新的元素，并让它更加持

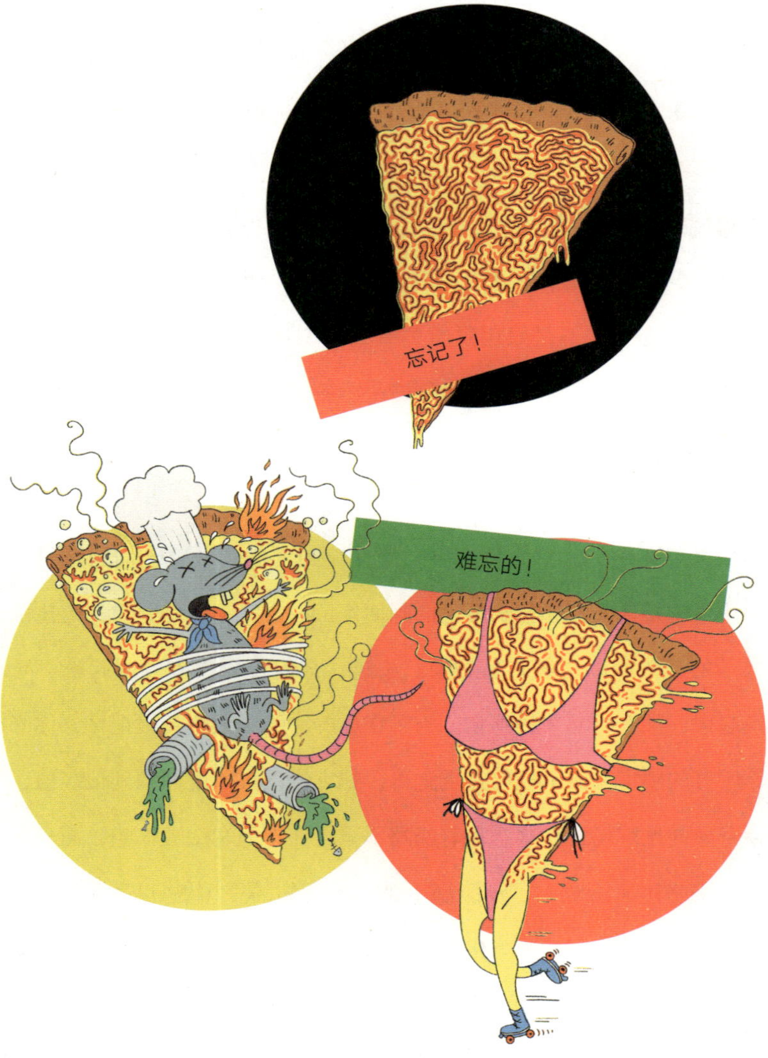
忘记了！
难忘的！

久。重要的是，要使它更加生动。你脑海里的视觉图像包含你从现实生活中获取的感官感受越多，你的记忆就会越深刻。

我在之前的几个感官例子中提到了这一点，**荒诞性（GA）**的目的是让这些感官过载尽可能地怪异和过激。为了让你的视觉图像在令人难忘的层面上再提高一个档次，你会想添加一些能引发各种情感反应的荒诞元素：欢快，血淋淋，怪诞，色情，愚蠢，等等。不要让比萨变成一个了无生趣的比萨，它闻起来很香，而且会把油脂滴在你的手上——把比萨酱变成一只死老鼠的血。或者你在吃比萨，而老鼠在抽泣（我给了它人类的习性），因为你在生吞活剥它！又或者比萨穿了条丁字裤，它正在为你跳脱衣舞。任何生动的、有趣的、奇怪的，有时让人不自在的性感（有时一点也没有不自在！），加上你所有的感官感受，能让你的视觉图像被大脑深深地记住。

而你头脑里的视觉图像再加上一样东西，就将永远不会被遗忘，那就是**移动属性（MA）**。它隶属于更广泛的视觉化分支，是最后的调整，使得视觉图像达到百分之百生动。所有这一切都会给你已经疯狂的图像一些动作和动感。

很有可能你已经很自然地插入了MA，就像你插入了SO和GA一样，但如果你还没有，记得让你的视觉场景**动起来！**我不能像神经科学博士那样解释为什么这是如此重要，但我发现我所有的记忆经验里，让一个视觉图像动起来真的可以点燃记忆。回到前面GA的例子，你会想让比萨跳脱衣舞、弯腰、旋转，并炫耀它所有的调皮本事。而比萨上那只死老鼠还在抽搐，因为它还没有完全死掉。噢，好恶心！我知道，但现在视觉图像有了移动属性，因此，它将更加令人难忘。

**整合**！可以分解成SO－GA－MA（它的英文发音，听上去与你问奶奶是否要做你最喜欢的蛋糕时会说的话——“所以，奶奶”很像）。

把这三个小技巧添加到你的视觉图像上，那就像在你的火药混合物中加入了硝石一样——它们会使你的记忆手枪火力全开！这一切都取决于你利用了你所拥有的一切。

## 其他记忆力书里学不到的秘诀

现在，你已经了解了记忆的基本知识，也准备好进入这本书的核心内容了。但在你冒险进入记忆世界之前，我需要向你传授更多的智慧。

### 1. 相信你的记忆

这听起来很简单，但这是提高和改善记忆力的关键。为什么相信你的记忆很重要？这里有几个原因，其中大多数都是与我们的生活息息相关的。当然，你希望能够快速地存储和检索信息，有时你希望处理大量的信息且不必担心遗漏。但相信你的记忆最重要的理由是，我们都很熟悉记忆缺失的挫败感。当这种情况出现时，我们会感到羞愧，觉得我们无法记住是因为我们头脑混乱。但事实并非如此。记忆缺失并不意味着你的大脑让你失望了，而是意味着你让你的大脑失望了。当你给它正确的三步骤：**识别—链接—整合**——生动的图像、一组锚点和大量的感官细节——你可以放心，它不会让你失望的。你的记忆就是这样设计的，要相信你脑海里那些等待着被激活的记忆流程和技能。

### 2. 当你忘记了什么，不要责怪你的记忆

当人们忘记一些事情时，通常会对自己说（甚至大声说）：“我记性真差！”就好像他们已经接受了这将是自己一生的缺点。这一点让我深受打击，**因为没有人记性不好——没有一个人。**

首先（这又回到信任你的记忆这一点），你必须停止这样想。这是一种自我打击，除了让你和其他人相信你记性不好外，没有任何好处。你越是给你的记忆负面评价，它就越能真实地反映出这些负面评价。**（生活小贴士#1：这适用于你所做的任何事情——如果你一直喂养“负面情绪的猛兽”，负面情绪就会占据主导地位。）**

从今以后，我希望你不断地对自己说：“好吧，纳尔逊以前没有好记性，现在他有了。我一样也可以！”每次你感到沮丧的时候，都要这么提醒自己，要不断重复这个咒语：“我有超强的记忆力！”

其次，要知道你记不住事情的原因只有两个，那就是：

*注意力不够集中。

*你的**识别—链接—整合**的流程有漏洞和（或）弱点。

就是这样，很简单，对吧？只是，这些原因是如何影响你的记忆力的呢？第一个原因是显而易见的，我们前面已经讨论了很多——如果你的注意力不够集中的话，你什么都记不住。第二个原因更有趣。如果你已经尝试使

用**识别—链接—整合**的流程去记忆，但还是没有记住的话，这意味着你尝试得还不够多。首先，你要确保真正完成了信息可视化，并把它链接到了一个精确的地方。最重要的是，你真正**整合**了（而没有做到最后一步通常是记忆失败最常见的原因）。如果你没有做到以上步骤，就意味着你得重新开始，在视觉图像上增加颜色、强度，让它更邋遢或更奇怪。这样才能更吸引眼球，让人不容易忘记。没有不好的记忆力！只有不好记忆的图像！得让它们的**速度更快！更臭！有更多的触手！**

### 3. 玩得开心

这一点我怎么强调都不够。记忆常常被认为是一项无聊、乏味和非常费眼的任务。它之所以有这样的名声，唯一的原因是我们从孩提时期就从来没有被教授过正确而简单的记忆方法。我们总是死记硬背，或者是用我称为使蛮力的方法。无怪乎记忆总被认为是世界上最糟糕的事情——因为它本来就是！但是，等你掌握了我在本章中向你展示的记忆技巧，以及我将在整本书中向你介绍的记忆技巧时，你就不会这么认为了。记忆是有趣的、傻傻的、给你力量的，也是你能学到的最伟大的技能/工具。所以，你要玩得开心点！即使你有时候记不住，也不用担心，你可以再试一次。记住，这是一种技能。和其他任何技能一样，要真正掌握它，你需要经常练习。我不是一夜之间就成为记忆力冠军的，它花了我整整两年时间。话虽如此，你仍然可以几乎不用练习，就能够完成许多令人印象深刻的事情。你准备好了吗？

废话少说，我这就带你进入记忆的狂热世界。记得**识别—链接—整合**的三步骤，一切都会很有趣。你很快就会成为一台记忆机器！

# 03

## 大脑短路，姓名失忆症，和那些让我们记忆疯狂的事

> 真正的记忆艺术是注意力的艺术。
>
> ——塞缪尔·约翰逊[1]

好了，你准备好了吗？让我们开始吧！

每天的日常事务最适合刚开始的记忆练习了，因为记住它们不需要太多的技巧——比如你把车停在哪里、你为什么走进房间，以及某人的名字。这些都是你立马就可以开始练习记忆的事情，而且记住它们对你帮助很大。

牢记有助于我们记忆的三步骤：**识别—链接—整合**！首先，想办法**识别**你要记住的东西——在脑海中形成视觉图像。其次，把它与你已知的事物**链接**起来。在本章中，我们将讨论简单的关联方法。最后，**整合**！运用你所有的感官、情感和一些动作，让这个视觉图像令人难忘。遵循这个简单的三步骤，你的记忆将势不可当。在这一章中，我们将要讨论的内容，在提高记忆方面可能看起来并不那么重要，但是你需要从某个地方开始。我向你保证，如果你能先记住这些小事，它们就将为你学习后面章节中更复杂的记忆策略铺平道路。

---

① 塞缪尔·约翰逊：18世纪的英国作家。这句话出自他在1758年至1760年撰写和发表的103篇文章中的第74篇《你缺的不是记忆力》。更值得注意的是，最近一幅约翰逊的画像很火，它恰如其分地被命名为《我他妈的在读什么？》，以表达在阅读时的极度困惑。

# 第一节——注意力

让我们面对现实吧：记性不好很糟糕。更糟糕的是那种你的大脑让你失望的感觉。但问题是，这通常不是你大脑的错。正如我前面说过的，当你的记忆出问题的时候，并不意味着你的大脑出问题了，而是你出问题了。

我这么说不是想让你丢脸，只是实话实说而已。这就好比，如果没有准备好食材，你就不能做晚饭。如果你的短期记忆从来没有记住一件事物，那它就不可能出现在你的长期记忆里。

**记忆力自始至终都离不开注意力。**你的注意力是你最宝贵的资源，而且这个资源是有限的。好消息是，虽然所有的技术都不能让你完全不分心，但你越多训练你的头脑，接受新信息时，你就越警觉，尤其是在你开始努力提高记忆速度时——这意味着更快的阅读、更快的想象，以及充分利用每一分、每一秒——分心总会出现，但你会越来越好地处理它们。对记忆技巧了解得越多、运用得越好，你就越能意识到自己的记忆。相应地，你就能记得越多。

## 我要做什么？！

### 你走进一个房间，却忘了要做什么

走进一个房间，却突然忘了要干吗，这是相当常见的现象。发生这种事的时候，你不觉得很讨厌吗？！我觉得很讨厌。这太痛苦了，快把我逼疯了。而且，它也浪费了我宝贵的时间。我站在那儿敲着额头，仿佛这能让我恢复记忆似的。靠记忆技术即使不能百分之百解决这种问题，也至少可以解决99%的问题。我将在整本书中不断地强调一件事：拥有良好的记忆，不仅仅是关于技巧和方法的，更是一种生活方式。让我来解释一下。

你越是了解记忆是如何工作的，越是了解我教授的记忆技巧是如何通过记忆的工作机制发挥作用的，你就越能提高你的记忆力。这是因为你会通过记忆来不断增强你的记忆肌肉，同时也因为你能使用大脑中想（选择）记忆的部分来思考。这本身就是一个非常强大的工具。如果记忆不断出现在你的脑海中，那么元记忆也会不断地出现在你的脑海中（基本上是关于记忆的方式，而不仅仅是对某事的直接记忆）。如果这件事发生在你的脑海里（当你读完这本书的大部分内容后，我向你保证会是这样的情况），那么记忆的缺失（比如，走进房间却忘记你想要做的事情），将会越来越少地发生——唯一的原因是，你的记忆将足够令人难忘。换个表达方式的话，就是你将更加关注这个世界。

现在，如果你还想得到一些可能对你有帮助的建议，那就继续阅读吧。这样，你就能理解为什么走进一个房间时，我们会忘记在前一个房间里想过的事情。

圣母大学心理学系教授、博士G. A. 拉平斯基在一篇论文中发表了他对这一现象的研究结果，论文名为《关于进门导致遗忘的进一步探索》[1]。他发现，我们的大脑往往会区分事件或想法，并分别把它们链接到一个房间或空间——通常情况下，想法最初是在这里形成的。因此，当一个人在一个房间里有一个想法，然后移动到另一个房间时，大脑基本上会创建一个文件，其中包含关于第一个房间的所有细节——你在那里做了什么、想了什么，然后把这个文件储存起来。当你移动到第二个房间时，你的大脑会创建一个新的文件，这使得你很难记起前一个房间的文件里有什么。这是在潜意识里发生的，所以我们不可能意识到并控制它。但有趣的是，如果只是从房间的一边走到另一边，而不是走进一个全新的房间，你更有可能记住一些东西！

所以，如果这就是我们大脑中发生的事情，那么记忆的诀窍是什么呢？当需要记住事情的时候，你就回到以前的房间或地方。这么做可能效果有限，但至少是有效果的。真正的破解术就是我之前提到过的，达到记忆是一种生活方式的程度，这样你的记忆力自然会得到提高。或者听从拉平斯基博士的建议："房门口不是个好地方，要不惜一切代价避开它们。"

## 哦，什么事，亲爱的？

### 如何记住别人让你做的事（特别是你配偶要求的）

你会认为，作为一个记忆力冠军，我不会忘记任何事。嗯，其实并不是。不幸的是，我所经历的健忘（我必须强调的是，这并不经常发生！）经常和我妻子所说的事情有关。当然，我不是故意的，我爱我的妻子，并且非常珍惜她说的每一句话，只是有时候我没在听她说。我还能说什么？这并不是什么新鲜事。我的意思是，我不是第一个不听妻子说话的丈夫，也不是第一个和朋友谈话的时候走神的人。那么，我们该如何防止这种情况发生呢？你该如何确保记住与你交谈的人对你说的重要事情？显而易见的是，首先要做到的，也是我前面提到过的：集中注意力。

集中注意力需要付出很多努力。我们中的一些人更容易受到干扰：实际的身体干扰，或是脑海中闪过玩电子游戏念头的干扰。虽然这不是我们可以百分之百控制的，但是有些诀窍可以让你下定决心，这样你就可以更好地集中注意力了。

第一，如果有人在和你说话，你要看着他的眼睛，在谈话中尽量与对方保持眼神交流。第二，把所有分散注意力的物品收起来。把手机放进口袋里，关闭笔记本电脑，把书放下。而且，要做得彻底！不要只是调低了手机音量，但手机还拿在手里；不要只是不看电脑屏幕，但电脑还是打开着。我想你明白我的意思了。专心致志地谈话，这没那么困难。

十次中有九次，你发现这样做是有用的。如果你需要记住谈话的细节，不管是你的另一半在给你指示，还是你正与你有好感且想深入了解的人约会，下面是你需要做的事情：当单词进入你的耳朵时，把它们视觉化，就像它们是在你眼前播放的电影情节一样。我喜欢把这一过程想象成在播放一部老掉牙的电影，影片中只是一张图片接着另一张图片地出现。当然，并没有电影真的在你眼前播放，你只是在脑海中想象。你不能想象每一个画面——你会来不及，但是你可以想象整体的画面。例如，如果和你交谈的人告诉你他在哪里长大，这一次他做了这样或那样的事情，那就想象一下吧。让想象的画面充满你的脑海，就像它们是你自己的记忆一样。这种方法不能保证你能记住所有的细节，但你能更好地理解谈话中的所有要点。

这是一种情况，那如果是需要记住具体细节的情况呢？比如，你得到了某个指示或是需要记住某个事实，那该怎么做呢？前面的技术仍然适用，只是在将指令转化为可视化图像之后，你需要将其锚定在某个事物上。

“锚定”是我在这本书中会经常使用的一个术语，所以让我们明确一下它的定义：**锚定是你将一个新传入的信息与另一个已经被记忆的信息进行关联。**换句话说，它是一种链接形式，将可视化的新信息链接到已经牢牢在你大脑里“扎根”的信息。

### 我们一起试一试

**示例——你正在和你的老板谈话，他说：“把这份文件复印一百份，然后交给联邦快递。”**

好吧，从谈话内容中收集到的两个重要信息是一百份和联邦快递。你可以想象自己走进联邦快递，把文件复印了一百份。这是一个很好的开始，也是一个很有用的开始，但假设这是一个生死存亡的时刻——如果你搞砸了，你的工作就岌岌可危了。为了能让你记得更牢，你需要将它锚定。我们的锚必须是已经固定在我们脑海中不会改变的东西，而且是与我们试图记忆的信息相关的东西。在这个例子中，一个很好的选择就是你的老板。

想象一下把你老板的头猛撞复印机，撞上一百次，得到一百份复印件，如何？我猜你是不会介意的。虽然这画面有点激进，但它能帮助我们完成任务。记住，有些夸张的图像，即使有点可怕也没关系，因为这样会让记忆像用胶水粘过一样牢固。

看看我们是如何将一台复印机和数字一百的图像与你们的老板链接（锚定）到一起的。这个简单的过程就叫作“锚定”，它将帮助你轻松地记住这样的事情。

老板：“把这份文件复印一百份，然后交给联邦快递。”

## 第二节——放东西和做事情

让我们继续讨论那些比较复杂，而且对我们的日常生活（老实说）会构成威胁的事情。我说的是忘记把车停在哪里、把钱包放在哪里，或者是否每次都吃药了。试想一下，如果你在日常生活中的上述烦恼减少了，你一定可以更轻松，更快乐，也更有效率！

在上一节中，我们先讨论了很多关于注意力的问题。之后我提出的每一种记忆技术都同样需要集中注意力，但现在我们要开始建立良好记忆的基本必要条件，然后增加一些记忆策略，让我们能够记得更多，而且记得更牢、更快，即使用**链接**步骤将信息通过一些简单的关联关系锚定在我们的大脑中。

## B区还是6楼？

### 如何记住你把车停在哪儿了

闭上眼睛，想象一下这个熟悉得不能再熟悉的场景：你刚刚把车停在体育场的停车场，对于将要开始的比赛非常兴奋。穿着运动衫的人们沿着一排排停着的汽车向体育场入口处走去，有些人还在他们卡车的后备厢里烧烤，赛前的兴奋是显而易见的。走到半路，你提醒自己要记得看一下你停车区域的标志字母和（或）号码。你看了之后，还在心里默念了一遍。但你很清楚的是，一旦比赛结束，你还是会花上整整20分钟的时间来找你的车。因此，你会特别认真地盯着这个数字，希望能记住它。

但是，正如预料的那样，比赛结束后，你走进停车场，却记不起你努力想记住的号码。而且，停车场大到像是一直延伸到了宇宙的尽头。这是不是糟糕透了？

我在一栋四十层的公寓里住了几年，里面有七层停车位。如果我早到家，就能抢到三楼或四楼的位置。但如果我晚回家了，那就意味着我得停在六楼或七楼。这很烦人，因为停车的楼层经常会变。我不知道有多少次，第二天早上，我以为我知道车停在哪里，结果却是赶时间的我走了一层又一层，最后在我最想不到的地方找到了车（这一点儿也不好玩，因为我干净又漂亮的衬衫很快会被汗水浸湿）。这太讨厌了！

这是在我学习记忆技术之前。但当我了解了记忆技术之后，我就找到了专门针对这些情况的小技巧。首先要记住的是：**你的记忆很重要！**有了这样的心态，你需要更多地活在当下。在离开你的车之前，你需要有意识地记住你的停车位置。这是第一步，也是最重要的一步。

使用在第二章中提到的**识别—链接—整合**这三步骤，你首先需要为楼层号码（或区域、级别、字母、颜色等）创建一个视觉图像。然后，你必须将其**链接**（或锚定）到某个物品上。（还记得第二章中的简单关联吗？）在这种情况下，你最有可能记住你停车的位置。所以，想象一下楼层图像被塞在或者困在了你的车里，或与你的汽车互动的场景。这样一来，哇，是不是停车的位置牢牢地印在你的脑海里了？！

### 我们一起试一试

### 示例1——4楼

为数字4构建视觉图像，最简单的方法之一，就是使用数字—形状系统（在第五章中会有更多介绍）。简言之，我们需要找出一个看着和数字4相像的图像。所以，我会问自己："这个数字看起来像什么？"在我看来，数字4看起来很像一艘展开风帆的帆船。

这就够了！

现在**整合**！带上那艘帆船，把它塞进你的车里。让它从窗户伸出来，想象一下船里的海水把车里的内饰都弄湿了。还可以更进一步，想象一只海鸥被夹在折叠的帆中。现在，它正被困在车里，拍打着翅膀到处搞破坏，车里到处都是羽毛和鸟粪。这很令人难忘，对吧？

记住你把车停在哪里

第二天，当你在电梯里要按下你停车的楼层时，你将别无选择，只会看到那艘疯狂的帆船把你的车都弄乱了。

请按4楼！

## 示例2——区域B

字母会容易一些，只要随机选择一个难忘的单词，以你要记住的字母开头，并把它作为你的视觉图像。当我看到字母B时，想到的第一个单词是面包（bread）。你的车现在成了一位经验丰富的面包师的烤箱！想象一下，

### 小贴士

你们中的一些人可能会想：“如果我一天只停一次车，那就好了。”但是，当我一天需要停几次车的时候呢？难道这些视觉图像不会在我脑袋里乱成一团，然后把我自己搞晕吗？是的，这是有可能的。关键是要让每个图像都是独一无二的。要做到这一点，你可以用一种更贴切的方式（用你的一天或你目前正在做的事情）来阐述你想象的图像。假设在示例 1 中，这是我第三次把车停在四楼的停车位。今天的早些时候，我把车停在了另外两层。我仍然会想象那艘帆船，但我会把它与我刚做或即将做的事情联系起来。也许一天结束后，我刚回到家——我准备吃晚饭了。想办法把你车里的帆船和晚餐联系起来。这个怎么样：当你把帆船扔进车里时，你的晚餐实际上是包在帆船里的（就像玉米煎饼一样）。就这么简单！

你的车里到处都是正在烤的面包，飘来阵阵香味，面包一个接着一个地新鲜出炉。嗯……味道好极了。

哦，B区，我们的车肯定是停在了B区。

### 示例3——红色的地板

有时，停车区域是按颜色进行区分的。别担心——只要想想颜色让你想起的事情（当然，别忘了可以想想那些夸张的东西）。当我想到红色，我就会想到番茄酱。番茄酱在你车里粘得到处都是，滴得到处都是。如果真是这样的话，这对你来说是非常糟糕的情况了。但是，嘿，现在你的午餐有无限量供应的调味品了！

**小贴士**

下面的方法肯定能帮助你减少记忆停车位置的次数：如果可能的话，每次都把你的车停在同一个位置或是区域。这样你就不需要特别记忆你的停车位置了。只有当你没有把车停在特定的位置时，你才需要记住它。

### 示例4——R21

好吧，他们是真的不想让你记住停车位！但是不用担心，结合我们在前面的例子中所有学到的东西，就可以创建一个超级视觉图像。和示例2一样，因为有一个字母，我将选择一个以R开头的单词。

这次，我们选犀牛（rhinoceros）吧。

也许想出一个看起来像数字21的视觉图像更棘手一些（使用我在示例1中提到的数字—形状系统），但为什么不尝试从含义出发呢——一个你所创造的含义——并把它与犀牛联系起来。也许犀牛已经21岁了，刚刚过了生日！现在把这个视觉图像和其他的都一起放进车里。这种情况和其他的情况并没有什么不同，只是需要花费更多的精力来想象链接的视觉图像而已。

当然，会有一些笨蛋喜欢设置更为复杂的停车位号码，而你会盯着它看，想着："该死的，我到底该怎么记住这个？！"但别担心，在后面的章节中，我们会继续讨论更复杂的数字和代码系统。到时，你将会成为记住最复杂停车位置的专家。

## 我把钥匙放哪儿了？

### 如何记住你把东西放哪儿了

这样的事情总是发生在你着急赶时间的时候，比如你正准备出门的时候。"我的钥匙呢？！"你默默地对自己发怒，为自己又一次找不到那些最常用的东西而感到沮丧，比如你每天都会用的钥匙。别担心，这是正常的，这并不意味着你的记忆力出了问题。你还有希望！你找不到钥匙（或钱包、手机）的原因可能是：

1. 当你的注意力集中在另一项更紧迫的任务上时，匆忙间，你就先把它们丢在一边了。

2. 把它们放在了非常规的摆放位置，这样当你想找它们时，就很难想起来了。

最快也是最有效的解决办法（它会简单到你甚至会嘲笑我这么建议），是确保每样物品都有指定的摆放位置。

你必须明白，放下一件东西这样简单的事情，我们的大脑根本就不会在意。想一想，“把钥匙扔在沙发上”和“你的狗叫唤着乞求你立刻带它出去”相比，哪个更重要？

是啊……当然是狗。扔钥匙和照顾你的孩子、完成你的工作、回复你的邮件、做饭，或准备约会……相比呢？也是同样的结果吧。因此，我们应该能预见到，我们的大脑并不会特别留意我们把东西放在了哪里。如果我们清楚地意识到了这一点，那么我们需要掌控我们的记忆，通过为它提供一些支持来帮助我们记住摆放物品的位置。

解决这一问题的办法是：指定放置点。买一个小碗或托盘，把它放在玄关。当你回家的时候，养成把钥匙放在那里的习惯。你的钱包、背包或钞票也可以放在那儿。不管是什么物品，都为它创建一个指定的放置点，并始终将它放在那里。此外，确保放置点是在你计划放置物品区域的显眼位置，以至于你的大脑别无选择，肯定能看到它，并将物品放置在它那儿。

使用指定放置点是最快捷和最容易的方法，可以解决大多数类似的情况。那剩下的情况该怎么办？发现自己不容易养成习惯也是很正常的。对于这些情况，我们可以使用我喜欢的一种方法，我把它称为“做个动作就不会丢”。

这个方法要求你在放下物品之前，先做一个动作。所谓“动作”，我指的是出现在你脑海中的任何随机的动作——越奇怪越好（当然越难忘记也越好）。做一些不常规的动作，你基本上是在向你的大脑发送一个警告，让它对特定的时刻保持高度警惕，从而使印象更深刻。你以后找寻钥匙时，会记起当你放下钥匙时做的奇怪动作，这会触发与做该动作时所处位置之间的联系，让你能想起来你把钥匙放在了哪里。

### 示例1——把钥匙扔在沙发上

我把钥匙扔到沙发上之前，会拿钥匙轻轻拍打自己的头，再把它们扔出去。这个不寻常的动作——拍打自己的头（甚至用钥匙拍自己的头！）会是一个不容易忘记的画面。当我回想自己把钥匙放在哪里的时候，会记起在把

**小贴士**

那是不是我会要求你每次移动或放下任何物品时都做一些愚蠢的动作？不，那太疯狂了！但是，对于一些很重要但你又经常丢失的物品，你可以这么做。随着时间的推移，当你更擅长如何记忆之后，你会更好地意识到你的记忆以及它是如何工作的。你也会发现你能不费力气地灵活运用书里的很多小窍门。

钥匙扔到沙发上之前，我先拍了自己的头。

啊哈，沙发！

钥匙，找到了。

### 示例2——把你的钱包放在包里

同样，当我把钱包放进包里的时候，我会花一小会儿时间来做一些不常规的动作。我这里说的是我随机想到的动作（老实说，最好的动作将是你在那一刻想到的），也许我会拉拉耳朵、皱皱鼻子。

你明白了吧？就这么简单。

我知道你可能在想："纳尔逊，这也太奇怪了吧？"你是对的。这有点奇怪，但这才是重点。奇怪能帮助你记忆，所以，为什么不好好利用这一点呢？

可能有些时候，比如在公共场所时，拉拉耳朵、皱皱鼻子的动作会让你觉得不合适。我可以理解，但你可以选择的动作有很多，其中有一些动作会比我建议的隐蔽得多。所以，没有借口了吧？开始做一些奇怪的事情来帮助记忆吧！

这种方法对你日常要做的事情最有效，也就是那些被定义为经常性重复的杂事。比如，你每个月付房租、每天洗澡（天啊，希望你是这么做的）、每天吃药（也许不是，但你明白我的意思，对吗）。并不是说你会忘记做这些事情，而是你会忘记你是否已经做过这些事了。这是因为你做这些事情的所有记忆都会变得模糊——它们是如此没有新意。而当你赋予它们一种全新的定义时，你就会突然让其中的每一个都变得与众不同，从而使每一个都令人难忘。

### 小贴士

我想告诉你的是，你的确能很容易地在移动设备上设置提醒来帮助你记住一些事情，但要知道在某些情况下，你不能使用手机。更重要的是，你还是得凭你的大脑来记忆。记住我早些时候说过的话——我想让你达到一种记忆一直在线的状态。你越多地使用你的记忆，它自然就会变得越来越好。

## 明天千万不能忘记……

### 当你不想起床把要做的事情记下来时，你如何才能记住它们

所有的提醒都是关于建立一个防止你遗忘的机制，以此在重要的时刻引起你自己的注意。如果下次我离家去参加朋友的生日派对，我得记得带上给朋友的礼物。我想到了未来的纳尔逊——他总是心不在焉的，我不想他像个白痴一样。我让自己不可能忘记——如果我不能阻止我的记忆忘记带礼物，那么我可以阻止我的身体。我把礼物放在门口附近，一旦我把它放在那里，就好像我改变了记忆。未来的纳尔逊不需要记住了，因为现在的纳尔逊已经记住了。

如果你喜欢在手指上系一根绳子，或者把事情写在手上，这些都是很好的提醒。但更好的方法——我喜欢称为"扔笔法"，当你处于被迫妥协的境地，并且需要确保未来你能记得一些事情时，这种方法的效果最好。所谓

“妥协的境地”，我指的是当你不能把绳子系在手指上，或者把事情记在手上（更多的情况是，在你的手机上记录）时，比如你正在洗澡，或已经上床准备睡觉，又或是正在打一个重要的电话等情况时。

当我躺在床上快睡着的时候，突然想起第二天我需要做某件事，在这种情况下，这个方法是最管用的。我不会从床上爬起来，而是从床头柜上拿个东西（通常是一支钢笔，只要是手边任何可扔的、不易碎的东西就行），然后把它扔到地板上。接着，我需要想象一下我要做的这件事的视觉图像，并将其与我扔的东西链接在一起。第二天早上，我一眼就能看到地板上扔的东西，然后就能想起需要做的事情的视觉图像！只要能在随后你肯定会去的地方留下一些明显的线索，并把想象的图像链接到这个线索上，这个方法就可以发挥作用。

### 我们一起试一试

### 示例1——你一洗完澡，就要发邮件给奇普

奇普是个重要人物，他一直在你需要回复邮件的人员清单上，但你昨天忘了给他回邮件，现在这件事变得更紧迫了。更糟糕的是，你是正在洗澡的时候突然想起了这件事的。你需要马上给他发邮件，但很明显，你正在洗澡，所以不能在这个时候写好邮件并发送给他。不过，你需要记住发邮件是你洗完澡以后要做的第一件事。如果你已经快洗完了，那么没问题，只需要走出浴室，扔掉浴巾，然后写邮件。但假设你刚刚打开水龙头，已经把自己弄湿了，还得涂肥皂、洗头和刮胡子。洗澡的时候，你的思绪容易不受你的控制，会不着边际地“游荡”，很可能你会忘了要做的事情。所以，你决定

试试用扔笔法来记住这件事（直到你洗完澡还记得）。

你在浴缸边缘看到一个旧的剃须刀套，所以你拿起了它，把它扔到淋浴房外的浴室地板上。接下来，你很快就想到了发邮件给奇普的视觉图像，并将其锚定在旧的剃须刀套上。关于想象的图像，你可能只考虑了电子邮件怎么写，并以某种方式将其与奇普（也许可以用薯片，奇普的英文与薯片一样）联系起来。比如，这封邮件是关于奇普需要的印刷材料的报价。在这种情况下，你只需要想象旧的剃须刀套是一个打印机，打印出几十片薯片，散落在湿漉漉的浴室地板上。

### 示例2——明天要寄房租支票

假设忙碌工作了一天后，你躺在床上已经筋疲力尽了，是该放松和休息了。突然，你想起来明天就要交房租了，但你不想起床写支票，然后把它装进信封里，这样明天就可以寄出去了。你希望明天早上赶着去上班的时候能记起这件事，所以你准备用扔笔法。你伸手到床头柜，拿起一本放在那儿的书。你把书扔在了床边的地上，然后集中注意力开始想象“付房租”的视觉图像，并与那本书进行链接（或锚定）。你想象打开那本书后，找到了一张大面额的支票（它被用作了书签），钱多到可以支付你以后所有的房租！想象一下这个情景，确保添加了所有可能的情绪和色彩。你会有什么感觉？想象一下你手里真的拿着这样一张支票，这样的细节会加深你的印象。如此，当你早上醒来，在地板上看到那本书时，肯定不会忘记写房租支票了！

**小贴士**

如果没有什么可以“扔”的东西，而你只需要记住某件事几分钟（也许你只是暂时分心了，比如被一个谈话干扰了），那么可以快速做的事情就是交叉你的手指，或者交叉你的脚，又或是稍微移动一下身体的某个部位。这可能会让你有点不舒服或看着很奇怪，但这能引起你的注意，甚至持续到谈话结束。一旦你不再受其他干扰，被奇怪摆放的身体部位会让你想起在谈话中想记住的事情。

## 第三节——姓名和面孔

> 喊出他的名字对那个人来说是任何语言中
>
> 最甜美、最重要的部分。
>
> ——戴尔·卡耐基①

这是一场席卷全球的“流行病”，它破坏着每个人的大脑。我知道它一直都在，因为无论我走到哪里，都能听到人们告诉我同样的故事：“我很擅长记住面孔——我永远不会忘记遇到过的人的脸，但我就是记不住他们的名字！”它无处不在，让人很受挫。现在是时候让你学会如何治愈自己了！

### 很高兴认识你，但我已经忘记你的名字了……

#### 如何记住名字

事情是这样的：每个人都能记住名字。我们不这么认为的主要原因是觉得自己应该能够记住名字——当我们记不起别人的名字时，就感觉很受伤。你看到一个人朝你走来，心想：“嘿！我认识她！我见过她，她从圣路易

① 摘自戴尔·卡耐基的著作《如何赢得朋友和影响他人》（纽约：西蒙与舒斯特国际出版公司，1936年）。

来，我知道她喜欢海龟和20世纪80年代的音乐，但她叫什么名字？！啊，太让人生气了！”你尴尬笑容的背后是难掩的痛苦。从逻辑上讲，如果你认识一个人，在人类世界里识别他的第一条信息就是：他的名字。

因为我们不能很好地记住别人的名字，但又觉得自己应该能记住，所以我们只能编造借口——或者叹口气说，我们不擅长记名字。如果我们某件事做得一塌糊涂，就应该努力做得更好，而不是告诉每个人我们在这方面做得很糟糕……

我们能做的第一件事很简单：**再努力一点**。说真的，试试看。如果你和朋友去参加一个聚会，和他们比赛谁在一晚上记的人的名字最多，你会惊讶于自己做得有多好（尤其是当你很有竞争意识或者努力让这个游戏变得更有趣时）。

如果真的想赢得这场比赛，你所需要做的就是遵循**识别—链接—整合**这三步骤，尽管可能有些变化或调整。因为通常是要在公众场合记住某个人的名字，这对于你的记忆力来说是个考验，你需要能快速记住，这意味着你在**识别**之前就要提前选择好**链接**的位置（我保证这是唯一一次需要调换这三步骤的顺序！你很快就会明白为什么这很重要）。

## 链接

要记住一个人的名字，你只需要一个锚点，然后把它作为一个线索，当你看到那个人的时候，就能想起他的名字了。这听起来有点像我在第二章中谈到的**链接**策略，对吧？在决定使用哪个策略之前，让我先问你一个问题：你每次遇到一个人时，保证能看到的是什么？是的，答案是他的脸。

还记得我是如何解释**链接**的吗？它是利用你已知的东西来记住新的东西。一个新认识的人的脸，在你们下次再见面时，对你来说就是已知信息了。我们可能不擅长记名字，但我们天生就善于识别面孔，所以让我们利用这个优势吧。

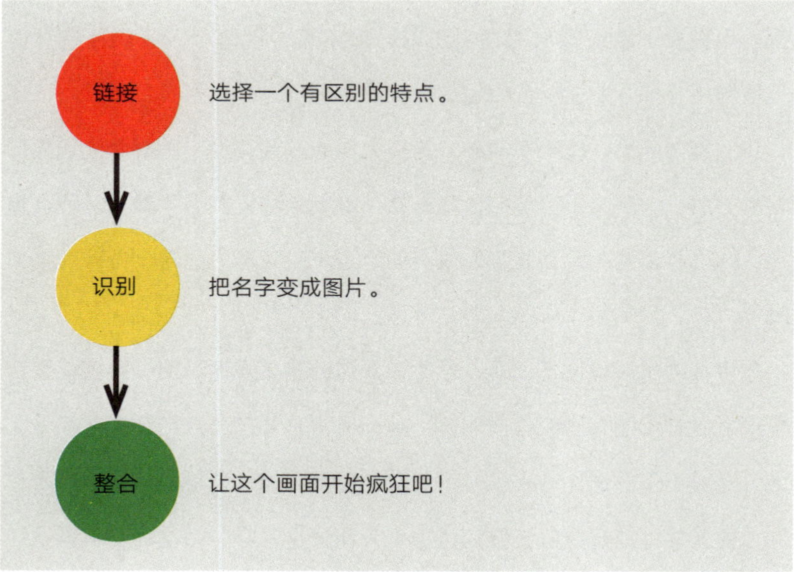


正如我前面所说的，在这个过程中，速度是至关重要的。你需要在听到这个人的名字之前就选择他的一个特征，这样你就可以立即将它存储在脑海里了。你挑选的、作为锚的特征应该是你看到这个人时第一个注意到的特征，因为这很可能是你之后几次看到这个人时第一个注意到的特征。我们要做的是尽量减少所需的时间和精力。如果你遇到一个长着大鼻子或黑毛痣的人，会很容易选好特征。而对于一张大众脸，可能你只能利用一些小细节，比如下巴上的沟痕或一个小细纹。然后，当你想象视觉图像的时候，放大这些细节的比重。如果最吸引你眼球的是对方夸张的发型或是一件夏威夷衬衫、一副猫眼眼镜，或其他与时尚有关的东西，你可以把它作为锚，但要小心：人们的穿着打扮是会发生变化的。[①]如果你找不到锚，就很难回忆起与它相关的名字。除非你们之间相互介绍的时间很短，以至于你能捕捉到的唯一的东西就是这个人的风格或时尚感，要不然的话，最好是记住一些更持久的东西（除非在你们两次相遇之间，这个人做了整形手术）。

有时，你会同时被介绍给十个人，而他们中的一半都长着大鼻子。你可能想找到每个人独一无二的特征，但是你没有时间去想那么多。如果房间里的每个人都有一个大鼻子，那也只能这样了。特征是用来帮助你想象每个人的脸，以此来记住每个人的名字。

现在，我要告诉你一件重要的事情，所以请原谅我把这句话大声地喊出来："无论你做什么，不管是谁问，不管你对掌握这项技巧感到多么自豪，都不要告诉一个人他的锚是什么！"从我个人的经验来看，我可以向你保证，这无论如何是一个糟糕的主意。即使你认为自己很聪明，但在和有着美丽大眼睛的人解释这一技巧时，不可避免地会出现两个眉毛长在一起的人问："你用来记住我的锚是什么呢？"所以……千万别这么做。

如果一开始你很难在一个长着大众脸的人身上找到一个特征，不用感到灰心丧气。可能要找到那些细微的、几乎不值得注意的特征很困难，但

① 你可能会问："胡须可以作为锚吗？"一方面，胡须总是被剪掉；而另一方面，它们往往掩盖了其他大部分面部特征，因此很难不把它们作为锚。基本上，留了胡须然后又剃了的人活该别人记不住他们的名字——也许他们更喜欢这样。开玩笑的。所以，用他们的胡子作为锚并祈祷这能管用。

你从每个人身上都能找到一些帮助你记忆的东西。通过一些练习，你就会做得更好。

## 识别

在获取某个人的名字并开始编码和存储的时候，注意力是关键。在典型的社交场景和许多商务场景中，你经常会遇到互相介绍的环节。有时，新认识的人会告诉你他的名字，然后直接开始与你交谈。如果你还没有准备好使用工作记忆（短期记忆）来记住名字，而是试图通过创造难忘的视觉图像来记忆的话，那当你意识到需要记住这个名字时，你可能已经不记得它了。

但当你全神贯注，对于随时可能出现的见面和互相认识的情况做好了准备，那你就能立马开始想象视觉图像了。

握手的时候是你的好机会。你集中注意力，已经挑选好了特征，并为记住名字做好了准备。这时，你需要的就是能听到这个名字。只要有可能，试着问对方的名字（这会增加你的专注度），或者在他们告诉你他们的名字时，把他们的名字重复一遍，以确保你听到了正确的名字。你听到这个名字的频率越高，听得越清楚，就越容易记住。

不管你怎么做，都要确保你百分之百听清了名字。我不知道为什么，但出于某种原因，人们会觉得第二次或第三次问别人名字比完全忘记他们的名字更让人尴尬，所以只能被迫一直用“嘿”或“你好”称呼某人。如果需要的话，尽可能多地询问你想知道的名字。如果你觉得有帮助的话，可以让对方把名字拼写出来。

现在，你已经知道了名字，是时候把它转化为一个容易视觉化的概念了。在某些情况下，名字可以变成一个可识别的词，或非常接近的词（例如，Brian=Brain，Liz=lizard）。在另一些情况下，它会让你想起熟悉的人或听起来像某种具体的东西。比如，比尔（Bill）可能是比尔·克林顿（Bill Clinton）或一美元钞票（dollar）。这些类型会比较容易视觉化。但有时，你会得到像Shannon这样的名字。这听起来不像什么东西，也不能快速和其他东西联系起来。

## 小贴士

无论你这样做是为了巩固你的所学，还是为了炫耀你记名字的新本事，你都要开始使用你记住的名字。你可以在脑子里复习它，也可以在谈话中用到它。你可以问一个问题，并在问题中用到它（“告诉我，香农，你是做什么工作的？”），或者把这个人介绍给别人（“香农，这是肖恩。”）。当你离开时，试着回想你遇到的每个人，以及你想象的适用于他们各自的视觉图像，并复习他们的名字。如果别人给了我他的名片，我喜欢使用戴尔·卡耐基在《如何赢得朋友和影响他人》这本书中推荐的小技巧：在名片的反面备注一些信息——任何你在下次见面时能参考的信息。这样做不仅能让你看起来像个记忆大师，也能让别人觉得你是真心在意他们。

Shannon可能会让你想起爱尔兰，或者1961年的热门歌曲《逃跑》的演唱者德尔·香农（Del Shannon）。但这两种联想都挺糟糕，因为它们可能会让你想起太多的名字。如果联想到爱尔兰或某人离家出走，你会很快想到一堆名字，比如凯利、肖恩、德尔或朱莉娅（朱莉娅·罗伯茨曾饰演过电影《落跑新娘》的女主角）。

别让自己被那些联想搞得乱七八糟，尽量让事情变得简单一些。与其考虑整个单词，不如把它分解成音节，根据这些音节的发音创建一种联想。例如，“Shannon”可以分解为“Shann”和“on”。“Shann”听起来像“shine”，所以“Shannon”=“shine on”。与诸如“Ireland”这样模糊的联想不同，“shine on”不可能被记错成其他任何名字（除了可能和Shane有点像，但你能轻松地区分Shane和Shannon）。

也许有几种方法可以将shine on（照射/闪耀）视觉化：手电筒的光照射在香农脸上；聚光灯照射在香农身上；香农所在的洞穴里只有一盏灯笼闪着光；香农的脸像太阳一样闪耀着光芒。

## 整合

现在，你正在和香农聊天。如果你很擅长名字游戏，那么你大概只需要十秒钟就能完成**链接**和**识别**这两个步骤。但你仍然需要把所有的东西整合在一起，再加上神奇的记忆魔法，才能让整个视觉图像令人难忘。这最后一步可能是最重要的一步，因为这将是你在以后需要记住这个名字时所联想到的画面——无论是几分钟后，还是几年后。

比如，香农最突出的面部特征是她圆润的脸颊。你的视觉场景可以是香农站在舞台上，两盏聚光灯照在她身上，每一盏都照亮了她的脸颊，也可以是香农的脸在天空中，像太阳一样照耀着大地，她漫不经心地微笑着，鼓起了她的脸颊（这让我想到了凯洛格葡萄干包装盒上的太阳）。阳光从她的脸颊射出来，照在了海滩上晒日光浴的人身上（别忘了光照很强烈，他们都被晒得发烫了）。

### 我们一起试一试

### 示例1——Donovan

你集中注意力了吗？你应该这么做，因为这一直是第一步。你不需要眼罩和耳塞，但是如果现在有什么东西让你分心，那就试着不要受它们影响。接下来，我们选择一个显著的特征。就凭你的直觉吧（虽然他的光头是最引人注意的，但我只能假设你也已经注意到了）。现在，让我们把他的名字概念化。Donovan没让我突然想起什么，所以让我们把它分解一下：Don-o-van。Don让我想起了唐璜，传说中讨女人欢心的男人。van让我想到了一辆货车。所以，我想象的画面是唐璜开着一辆货车。这不是一辆普通货车——车上都是他勾引来的漂亮女人。现在，让我们用他的光头来链接那个视觉图像。我可以想象那辆塞满女人的货车开在他光头上的情景。这是简单的版本，我还能给画面增加更多的内容，比如他为什么选在光头上开车，也许是因为它很光滑。这样，他可以把车设成自动驾驶模式，然后他就可以做些其他事……想想货车发出的声音，或者从车里传来的声音……好了，够了！我们成功了，需要洗个冷水澡了，但我们已经记住他的名字了！

## 示例2——Claire

好的，Claire……你为什么长得很漂亮但又很普通？有时候，选择什么作为锚并不是那么容易的，因为有些人可能没有明显的面部特征。不过，她的眉毛很漂亮，对吧？在这种情况下，你可能会这么想，但最终这并不重要。选择你注意到的东西——任何东西，然后一直盯着。“Claire”这个名字让我想起了“clear”这个词。这会有点牵强，但有时这就是我们需要做的：我会想象她眉毛的间距非常大（它们是有点大），我可以清楚地（clearly）看到它们背后的东西。更进一步想象的话，我透过她漂亮的眉毛，可以清晰地（clear）看到她“头脑”！

透过她的眉毛可以看得很清楚

就是这样，当我试图记住一屋子人或一组名字（或面孔）时，我脑海中的运作过程就是这样的。我知道这当中大部分可能看起来都很奇怪和荒唐，但它真的很有用：我曾经在十分钟内记住了房间里一百人的名字！如果你觉得这项技术很好，只是担心自己不能很快做到，那不用发愁！只需要一点练习，你就能提高速度。练得越多，就会记得越快。每当你认识新朋友时，就把它看成练习记住名字的机会，然后开始练习，因为记住名字是任何人都能做到的事情。

## 某某先生和夫人，你们有几个孩子，能再说一遍吗？

### 如何记住姓氏（和其他信息）

一旦你掌握了将记忆过程应用于记住名字的技巧，你就可以在必要的时候**开始记忆**姓氏。一旦添加了姓氏，你就可以开始添加其他信息（爱好、共同的兴趣等任何可能在谈话中需要用到的信息）。

添加姓氏时，你需要另一个概念——不同于记忆名字时的概念，然后使用在第二章中介绍的链接法将两个概念链接到一起。如果Shannon（还记得前文说到的Shannon吗）姓Carboni，你可以把它分解成“Carb”——碳水化合物（一碗意大利面）和“oni”——听起来有点像“only”（只有）。想象一下香农的脸是太阳，阳光从她的脸颊照射到某物上，更具体地说，照在那碗意大利面上，只有那碗意大利面——只（only）在碳水化合物（carb）上发光！或者香农站在舞台上，她的脸颊上照着聚光灯，她走下舞台，在各种各样的食物中看到了一碗意大利面。她吃光了意大利面，但其他食物一点都没碰。她只吃碳水化合物（carbs only）。明白了吗？这就是把你想象的第一个视觉图像锚定在人物的特征上（在本例中就是名字的图像），并将更多的信息链接到一个连贯的故事中。就这么记：不要告诉香农她不该吃这么多碳水化合物！

如果愿意的话，你可以进一步研究这个方法。若要给任何给定人员添加更多信息，请使用相同的方法进行处理。例如，想象你遇到了一个非常重要的人，你不仅想记住他的名字和姓氏，还想记住他喜欢打高尔夫球这件事（这个信息在以后可能会派上用场）。你像往常一样为他的名字和姓氏找到视觉图像，然后把它们联系在一起，形成一个小故事。现在，对于你想记住的额外信息，你也需要想象一个视觉图像，然后与你为名字和姓氏创建的图像链接到一起。本质上，你链接的图像共同描绘出一个故事，而这个故事将完全基于这个人的特征。显然，你想存储的信息越多，这个过程就会变得越复杂。但这真的只需要你集中注意力，然后花点时间把这些图像记在你的脑海里就可以了。

### 我们一起试一试

### 示例1——彼得·邦德（Peter Bond）

这家伙脸颊上有个非常明显的酒窝，所以我很自然地注意到了这个特征。接下来，“彼得”让我想起了《恶搞之家》中的彼得·格里芬（Peter Griffin），而“邦德”让我想起了詹姆斯·邦德（James Bond），我想象的画面就是彼得·格里芬穿着一件晚礼服（他超重的身材让衣服显得很不合身），手持一把瓦尔特PPK手枪，假装自己是詹姆斯·邦德。“我是邦德，彼得·邦德。”他用新英格兰口音说。现在，让我们把这个画面链接到那个酒窝上。我要想象一下彼得·邦德在詹姆斯·邦德的电影中，他转过身，开了一枪，银幕上全是鲜血。那一枪打中了我们新朋友的酒窝。别忘了把尽可能多的细节添加到画面上，你想象的时候，最好脑海里还回响着007系列电影的主题曲！

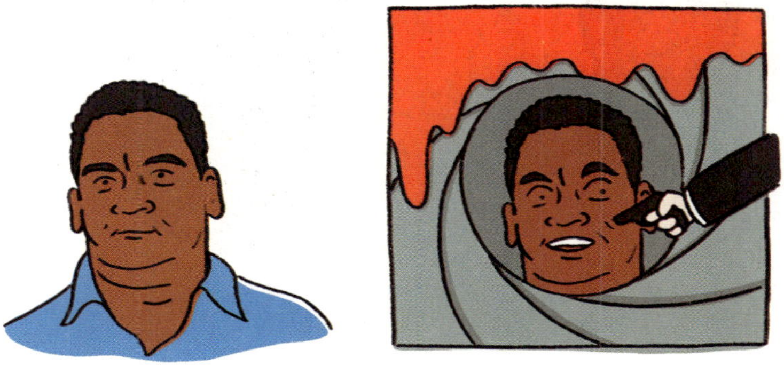

彼得（格里芬）·邦德朝他的酒窝开枪

## 示例2——帕特里克·麦克杜格尔（Patrick McDougall），他是一个超级曲棍球迷

帕特里克的前额很光滑，这将是我选择的面部特征！“帕特里克”总是让我想起拍（pat）的动作。“麦克杜格尔”让我想到了某种麦当劳汉堡（McDonald’s），但不是普通的牛肉，而是狗肉（因为道格=狗，Doug=dog），所以它是一只“麦当狗”（McDoug）。结尾“all”的部分并不困扰我，我对自己的记忆力有足够的信心，觉得我可以记住这个结尾部分。好吧，我们就这么做，想象一下他额头上的汉堡包中间夹着十几条狗。令人恐惧的是，那些狗还活着。别把它们吃了！轻轻拍一下（pat）它们的面包就好。

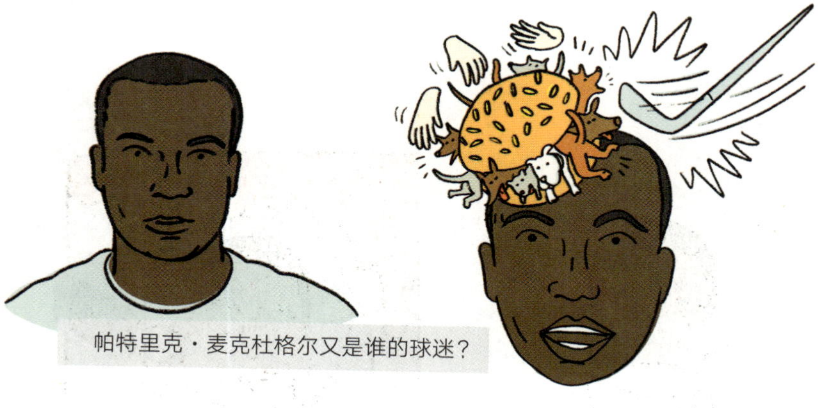

帕特里克·麦克杜格尔又是谁的球迷？

这能让我们记住他的名字和姓氏，但在这个例子中，我们还想记住帕特里克·麦克杜格尔是一个曲棍球迷。在我们把一个新的图像和故事联系起来

之前，重要的是我们需要注意图像的先后顺序。第一个图像是他的名字，它与第二个图像——他的姓氏联系在一起，之后出现的图像都是关于这个人的其他信息。我强调这一点是因为当我们把曲棍球和汉堡包里的狗联系起来的时候，你需要确保曲棍球出现在轻拍汉堡包这个图像结束以后。这样，我们就不会混淆任何东西。你不会认为他的名字或姓氏是曲棍球，或者听起来像曲棍球。

好吧，所以我能想到的最简单的图像，就是有人在挥舞曲棍球棒（动态的图像会更棒）。当看到他额头上的汉堡包夹着十几只狗（我们还轻拍了一下汉堡包）时，我们就拿起曲棍球棍，把汉堡包打到了很远的地方。有点残酷，但是那些动作……哦，哦，哦！是不是让你们已经记住了？

**小贴士**

名字的确很难记，我会第一个承认这一点。当你尝试该方法但偶尔还是记不住名字时，不要感到沮丧。我保证只要练习，就能有所改进，重要的是要坚持练习。参加聚会时给自己定个目标，比如记住十个人的名字。这不会让你有什么损失，对吗？

# 04

## 你希望能记住所有清单，不管是正着记，还是反着记

> 我认为一个人的大脑就像一个空荡荡的阁楼，
>
> 你必须选好家具来装满它……
>
> 聪明人会很小心地选择放入大脑阁楼的家具。
>
> ——夏洛克·福尔摩斯[1]

记忆存储和房地产一样，它的关键在于：位置，位置，还是位置。我想省去你了解海马体和语义矩阵等细节的时间，我就这么跟你解释：你的头脑就像一张摆满各种文件和用品的桌子，随着时间的推移，桌上的东西变得堆积如山，但不管桌子上有多凌乱，你还是很容易就能找到你放在桌子上的最后一件东西——因为它就在最上面。但是，去年6月的电话费单呢？它被深埋在那一堆纸里面，需要花很多时间才能找到——除非你把它归档在一个合适的（可以找到的）文件夹里，或者将文件按颜色编码了，又或者把它折成一只天鹅，然后展示在架子上了。

你不需要把你所有的记忆都折成天鹅。如果你这样做的话，那就好比把桌上每张纸都折成天鹅——折起来很费时，要拆开每张纸直到找到你想找的那一张，就更费时了。你需要的是一个简单的、容易识别的归档系统。把记忆正确归档的方法，把正确的信息放在正确位置的方法，就是要建立正确的关联性。

① 摘自阿瑟·柯南·道尔《血色的研究》（纽约：哈珀兄弟出版社，1904年）。

还记得**识别—链接—整合**这三步骤吗？作为记忆大师的你，肯定还记得。在第三章中，我们主要讨论了非常简单的**识别—链接—整合**三步骤，重点讨论了**链接**步骤中可以用到的简单关联法。

关于**识别**的部分，不管需要记忆的内容是什么，我们都需要想象一个令人难忘的视觉图像。但事实证明，我们可以在**链接**部分做更多的努力。在本章中，我们将要特别提高在**链接**这一步骤的能力，而这一步骤都围绕着一件事——记忆的存储而展开。我会向你展示如何使用一些特别的技巧把以序列或列表形式呈现的信息链接起来。在前一章中，我们处理的大部分记忆都是一次性的信息，或者只是简单的、单一的想法。在这个基础上，我们将增强你的记忆能力，这样你就可以一次记住大量的信息，并记住很长时间！

不过，在我们开始之前，先明确一件事情，当我说记忆的存储时，我是在说什么呢？是存储在大脑的储藏室吗？是啊！在第二章中，我曾把我们的大脑比作计算机。当你保存文件时，你需要指定一个文件名，还需要一个文件夹/位置来存储你需要保存的文件，否则你的麻烦就大了。我们需要以类似的方式来处理记忆的存储，用足够多的细节和尽可能多的保存次数来确保我们保存了所有需要记住的信息，这样我们以后就可以轻松地找到它们了。我知道，掌握记忆在大脑中的存储位置听起来就像科幻电影里的东西。你甚至可能会想："我不可能找到记忆在大脑里的精确存储位置。"但事实上，你可以的，而且这很简单。让我们开始吧。

## 第一节——链接法

在很多情况下，你可能会发现自己必须记住大量的信息，而不仅仅是一两件事。试想一下：当我们必须记住一件事时，我们会将它与其他东西联系起来（进行**链接**），那当我们需要记住很多信息时，我们能否用同样的办法，将每个信息都与前一个信息联系起来，把不同的视觉图像串起来，串成像链条一样的一组图像呢？

这就是**链接**法。

简言之，关于上述记忆方法，你需要记住的是：当你有一份需要记忆的清单时，从清单的第一项开始，将**识别**的关于第一项的视觉图像**链接**到清单上的下一项。然后对清单上的每一项重复上述过程，直到完成整个清单的记忆。当你需要回想清单的内容时，只要你记忆的链条是足够牢固且令人难忘的，你只需要从清单的第一项开始回忆，就能想起整个清单。以下的事例能帮助你理解我的意思，我们一起来看一下。

### 谁砍了樱桃树？

#### 如何按顺序记住美国历任总统

无论是英国的国王和女王，还是中国的朝代、美国的总统，毫无疑问，在你的学生时代，你曾被要求记住一份极具挑战性的历史列表。经过无数个小时的学习，让你的父母测试你，然后你在学校参加了一次考试。交完考卷后，你很快就忘记了这一切。整个过程很可能让你精疲力竭，感觉烦透了。这个过程不应该是这样的，因为如果你得到了一些正确的指导，你可能会很享受记忆这个列表的过程。它不仅能让你花费更少的时间，整个过程也会很有趣！

让我们先把那些不好的记忆经历放一边，一起来学习如何使用**链接法**。我保证这会彻底改变你记忆大量信息的方法！使用链接法，我们可以尝试在15分钟内记忆很长的一个列表，比如历任美国总统（是的，我是认真的）。通常，记住历任美国总统貌似是一项艰巨的任务——总共有46任总统，但通过使用这种简单的技术，你可以很快记住他们，而且不用花费太多力气。

让我们从前15位总统开始。首先，我将帮助你们想象一系列的视觉图像，这些图像将代表历任总统。先不用担心谁或什么如何进行链接，我只想让你坐下来放松一下，读一下我将要分享的小故事。我唯一要求你做的就是注意倾听，然后尽你所能地想象每一个场景，可以吗？

最后几个提醒：我们将记住前15位美国总统，他们每个人都有一个姓、中间名和名字，我们会把重点放在姓上。而对任何你想记住的额外信息，可以在你记住主要链接列表后再添加。一旦记住了主要链接列表，你就可以添加总统的全名或其他你想记住的信息。另外，当你读完这个故事后，如果你不能理解为什么某个图像代表某位总统，请参考第84页中的列表。

那么，我们从哪里开始呢？当然是从华盛顿开始。所以，让我们从想象一台**洗衣机（华盛顿）**开始，它在清洗一吨亮绿色的史密斯奶奶**苹果（亚当斯）**。接着出现的是一个胖胖的**厨师（杰斐逊）**，他从洗衣机里拿出苹果，穿上**女仆**制服**（麦迪逊）**。然后，他坐上了一艘划艇，开始划船。他是**男子划艇队的队员（门罗）**。当穿着女仆制服的厨师划船来到河的下游时，他看见远处有个东西。他**眯着眼**看那是什么，看到了一个**水坝（昆西·亚当斯）**。在大坝的顶部是**迈克尔·杰克逊（杰克逊）**在表演他的招牌太空步！一辆**燃烧的面包车（范布伦）**不知从哪里冒了出来，猛地撞上了他的划艇。水喷得到处都是，溅到了一个观众身上，他碰巧是**哈里森·福特（哈里森）**，他正在系**领带（泰勒）**。领带突然开始**戳（波尔克）**哈里森·福特的脸。事实上，领带拼命地戳他，一条**尾巴（泰勒）**从他的屁股处钻了出来。因为所有这一切都太奇怪了，一个**电影制作人（菲尔莫尔）**把这些都拍了下来。但是，不巧的是，他的摄像机突然爆炸了。从摄像机中射出的弹片**刺穿了（皮尔斯）**大坝一侧的一门大炮，点燃了大炮的导火索，并发射出了一堆**书本形状的炮弹（布坎南）**，砰！

我知道这是有史以来最愚蠢的故事，一开始看起来会让人不知所云，但请重读一遍，并尝试想象故事所描绘的画面。我保证，如果你试着在通读一两次后闭上眼睛复述这个故事，你就会记住它。是不是很棒？我们的大脑能快速记忆这些叙述性强并且奇怪的事情，是不是很不可思议？下面是15任总统的记忆列表：

开始！
SLAM!
BOOOM!
5
4
3
2
1
砰！

| | | |
|---|---|---|
| 1 | 华盛顿（Washington） | washing machine 洗衣机 |
| 2 | 亚当斯（Adams） | apple（Adam's apple）亚当的苹果 |
| 3 | 杰斐逊（Jefferson） | chef（chef-erson）厨师 |
| 4 | 麦迪逊（Madison） | maid（Maid-ison）女仆 |
| 5 | 门罗（Monroe） | man rowing 男子划船 |
| 6 | 昆西·亚当斯（Quincy Adams） | squinting at a dam 斜着眼看大坝 |
| 7 | 杰克逊（Jackson） | Michael Jackson 迈克尔·杰克逊 |
| 8 | 范布伦（Van Buren） | van burning 燃烧的面包车 |
| 9 | 哈里森（Harrison） | Harrison Ford 哈里森·福特 |
| 10 | 泰勒（Tyler） | necktie 领带 |
| 11 | 波尔克（Polk） | poking（动作）戳 |
| 12 | 泰勒（Taylor） | tail 尾巴 |
| 13 | 菲尔莫尔（Fillmore） | filmer 电影制作人 |
| 14 | 皮尔斯（Pierce） | pierces（动作）刺穿 |
| 15 | 布坎南（Buchanan） | book-shaped cannonballs 书本形状的炮弹 |

如果想进一步掌握这份列表，你下一步可以做的是给列表中每五位总统标注一个数字。这样，你就可以在几秒钟内迅速找到第3位、第8位或第14位总统。要做到这一点，请在原来的故事中添加以下细节：

1. 华盛顿=**第一任总统，印在了一美元钞票上。**

5. 门罗=**想象一下划艇上有五把桨。**

10. 泰勒=**哈里森·福特把十条领带系在了脖子上。**

15. 布坎南=**想象一下十五个书本形状的炮弹被发射。**

有了这个系统，如果人们问你第11任总统是谁，你就会记得泰勒是第10位，然后移到故事中的下一个图像（领带在戳人……戳=波尔克）。如果有人问你第13任总统是谁，你首先要记住第15任总统是布坎南，然后移回到故事中的前两个图像［在书本形状的炮弹被发射前，有什么东西刺穿了大炮？

哦，是电影制作人（菲尔莫尔）爆炸了的摄像机］。

### 添加更多的信息

如果需要记住每位总统更多的信息，只需要在每个图像上增加与这些新增信息链接的细节。例如，如果你继续记其他总统，就会知道第43任总统是乔治·W. 布什。在我们的故事中，我们用花园里的灌木丛（bush）来代表他。现在，给灌木丛的画面增加更多细节。它不是普通的灌木丛，而是想象丛林中的乔治从一棵树跳到另一棵树上，而且他抓的不是一根普通的绳子，而是一个W形的绳子。哇哦！灌木丛不再是一个普通的灌木丛（bush）了，而是乔治·W. 灌木丛（George W. Bush）！

或者，如果我们想记住某位在任期内去世的总统，比如扎卡里·泰勒（Zachary Taylor），据说他在任期内死于霍乱。那该怎么办呢？哈里森·福特长出的尾巴（泰勒）造成了肠道不适和腹泻（即霍乱），是不是很贴切？在泰勒总统（尾巴）的图像与霍乱之间建立一定的联系，这个额外的思考过程就能让我们记住他的死因。

另一种有创意的方法是，如果想在列表中记住一些共通的相似之处（例如，所有在任职期间去世的总统），那就用一些共同的图像来代表这一情况。在这个例子中，我们可以把“死亡”想象成图像被浸在红色涂料中或者被涂成了红色。前15任美国总统中，有两位在任职期间死亡（所有总统中一共有8位）。

让我们在他们的图像上加入红色（这有点儿像给它们做标记，当我们回忆特定信息时，就能很容易注意到）：

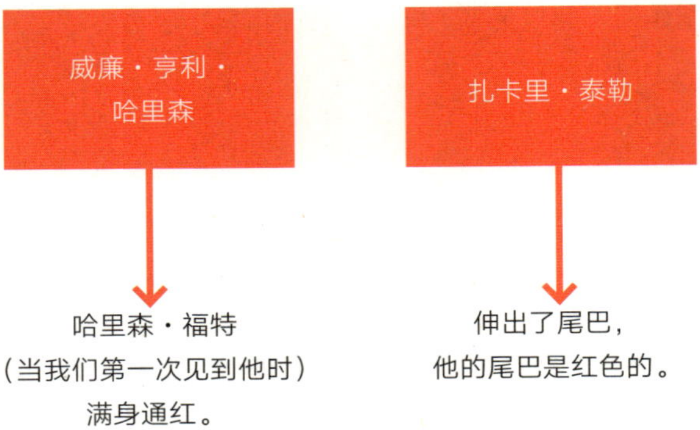


你知道该怎么做了吧？你可以添加的细节是无穷无尽的，这完全由你来决定（等你在第五章中学到更多关于数字记忆的知识后，我们将在第六章中介绍如何记忆年份和日期）。

## 我现在该做什么？

### 如何记住待办事项

正如我们在前一节中所看到的，在记忆历任总统时，链接法可以作为一种简单的方式来让我们记住一个特定顺序的列表。记住，链接法的关键是**链接**部分。换句话说，联想：把你脑海中想象的每一个视觉图像，以某种方式与列表中的下一项产生互动。这种互动关系能以动作、事件或原因的形式出现。也许是某个图像对下一个图像产生了影响，也可能是某个图像导致了下一个图像的产生，或者某个图像与下一个图像之间有着非常明显（或不太明显）的联系。这一切都由你来决定。一旦你有了一个完整的故事，每个互动关系就形成了一座桥梁，把一个点链接到另一个点，创造了一个无缝的序列。这样，你就不会漏掉或跳过任何信息了。所以，不要试图记住列表上十个不同的东西，只需要记住第一项和它与下一项的联系，以及下一项与它后面一项之间的联系……

**小贴士**

如果你创造的链接故事和它所有的细节让你感到越来越舒服，你自然而然就能记住这个故事了。甚至从某一刻开始，你都不再需要这个故事来帮助你记忆了。记住，很多记忆技术都是为了让你快速记忆而设计的。通过回忆，回忆，再回忆，把短期记忆变成长期流畅的记忆，甚至你都不需要再去想它！第三节将会有更多介绍。

正如我前面提到的，链接法最适用的情况是，你需要快速记忆但又不想为此做很多准备工作的时候。尽管我们可以用这个方法来记忆一长串的事情（46位总统的名字），但我更倾向于用它来记忆那些不需要记太久而且经常会变化的短列表——比如每天的待办事项。在接下来的几页里，我会告诉你为什么我通常不使用这个办法来记忆长期列表，但现在让我们先继续练习使用这个新工具吧！

待办事项是最适合使用链接法的，因为它们通常不会太长，而且你不必永远记住它们。下面是如何使用链接法将待办事项转换为容易记住的视觉序列。

**示例——假设你的待办事项包括：**

1. 回复史蒂夫的邮件。

2. 健身。

3. 去商店买奶酪。

4. 去邮箱取信件。

5. 打电话给莎拉。

使用链接法，我们总是从列表的第一项开始。因此，对于回复史蒂夫的电子邮件，我们想象的图像可能是炉子上有一封电子邮件，炉子（stove）代表史蒂夫（Steve），因为它听起来像史蒂夫。你在炉子上打字写邮件，可能点着的炉子烫到了你打字的手指。接着因为炉子太烫，你一直想让手指离它远点儿。手臂频繁地来回移动，让你看起来像是在做一些跳跃的动作：把手臂伸到头顶上，然后跳来跳去。你可能还没意识到，你在炉子旁边完成了健身。一旦锻炼结束，你就觉得饿了，你唯一能找到的食物就是手边的奶酪。不幸的是，奶酪不太新鲜，味道不太好，所以你把它装在一个盒子里，然后把盒子放到了信箱里。在你离开信箱之前，你打电话给莎拉，让她来取盒子。为了让你记住你需要给莎拉打电话，也许你可以想象一下，在电话里，听到一大群啦啦队队员在喊着“啦啦啦”（莎拉）！

## 如何记住复杂的单词

你现在应该发现了，我们在待办事项中记忆的事物类型与之前记忆的历任美国总统有明显的区别。总统只有一个单词（姓氏），而我们的待办事项则是部分名词、动作和各种抽象词等的组合。要想记住这样的列表，在想象的时候需要更多的即兴创作，因为有的单词和短语可能会更复杂一些。对于那些不能立即想象出图像的单词或短语，我们可以用以下三个步骤来处理：

1. 它让你想起了什么？

让我们用“自由”（liberty）这个词来试试看。自由让你想起了什么？我不是说自由意味着什么，因为这只会让你产生更抽象的想法。我是说，这个词让你想起了什么具体的名词或物体？大多数人（美国人）会说自由女神像。这是一个很容易记在我脑海里的图像，它比“自由”这个词要长一点。事实上，它比我想记住的单词要多三个单词！但这没关系。你的大脑很聪明，它知道自由女神像只是为了帮助你记住“自由”这个词。

2. 如果它不能让你想起什么，那它听起来是什么样子的？

让我们用“宣誓”（sworn）这个词来试试。“宣誓”并不能真正让我想起任何具体的东西，所以我需要继续想它听起来是什么样子。我发誓（sworn），听起来像蜂群（swarm），这会让我想起一群蜜蜂。这就是我想象的视觉图像了。我可能会在图像上添加一些相关内容，这样它就可以与原来的单词联系起来。想象一下这群蜜蜂宣誓效忠并保护它们的女王。哇，就是这样。

3. 如果你完成了前两个步骤，但是还没记住这个单词或短语，不要绝望，你只需要把它拆分成更小、更容易管理的小块儿。

让我们用“市政”（municipality）这个词来试试。也许它让你想起了什么，或者它听起来像什么，但让我们假设两者都没有。我们把这个单词拆成“muni”“cip”和“ality”这几个部分。

现在，你甚至可能不需要最后两部分来记住这个单词，因为我们的大脑只需要给它提供一点点联想，它就能很好地完成任务。不管怎么说，“muni”听起来像money（钱），“cip”听起来像sip（小口喝），“ality”听起来像a lady（一位女士）。我们可以把它们汇总成一个图像：一位女士小口喝着一杯装满钱的马提尼（一位喝着钱的女士）。我知道这听起来有点牵强，而且与实际单词的含义相去甚远，但一旦你想起一位美丽的女士小口喝着一杯装满钱的马提尼的画面，“钱”和“小口喝”的部分就会唤起你对“市政”这个词的记忆。

如果你想记住一组单词，那就先找出其中最重要的单词，或者如果可以的话，找出能代表整体意思的单词。之后就可以进行上面提到的步骤1和步骤2了。如果你想更好地背诵课文和句子，那不用担心，我们将在第六章中讨论这一点！

## 左转还是右转？

### 如何记住方向

回想一下你在街上拦住别人问路的时候，你全神贯注地听，那个好心人对你说了一堆的左拐、右拐，转到这里，转到那里。太棒了！你礼貌地说了句“谢谢”，他就离开了，但你一下子就不知道该往哪里走了。真是让人沮丧！或者当你在手机的GPS中输入一个地址后，你就不得不一边开车，一边不断地检查你的手机，以确保你没有开错。如果能记住这些方向，你就不用看你的手机了，这不是很好吗？

记住方向是一件非常有用的事情，尤其是在出现紧急情况时，因为当你赶时间或在快节奏的情况下（开车、堵车、在马路上奔跑），通常都需要你记住方向。换句话说，你没有太多的时间去处理所获取的信息，所以它们需要被快速记住。因为一组方向中的每一步都是一个紧接着下一个的，所以链接法是记住开车或步行时一系列方向的完美解决方案。[①]

这与我们之前用于记忆待办事项的方法很类似，但有一个关键的区别：很多重复的单词，像右、左、直走、出口、街道等词，很可能会多次出现。为了处理这些重复的词，特别是像“左”和“右”这类词，可以事先想好一些小系统或预设一些图像来表示它们，这些图像能完全准确地指代它们。例如，对于左（left）和右（right），你可以想象一个以字母l或r开头的动词或形容词，并且让该动词（形容词）出现在下一个方向的图像上，或者用来描述下一个方向的图像。

### 示例1——用此路线测试你的记忆术

1. 从你的起始位置，在广场往左转。

① 当然，你可以依靠导航指引方向，但这样还有乐趣吗？此外，记住方向意味着提前知道你必须转向哪个方向，这样你就可以转到合适的车道上（如果你在开车）。它可以提高你形成头脑地图的能力，这在创建记忆旅行时能派上用场。

2. 左转到圣王子街（Prince ST.）。

3. 右转到汉诺威街（Hanover ST.）。

4. 左转到本尼特街（Bennet ST.）。

5. 右转到塞勒姆街（Salem ST.）……直到你到达保罗·雷泽的家。

这是我想象的场景：我从大广场开始（large square），在广场左转。舔了一个王子（licking a Prince），左转到圣王子街。王子用一杯红色（red）的血腥玛丽来缓解他的宿醉（hangover，与Hanover读音相似），然后右转到汉诺威街。他分泌的乳汁（lactate）弄到了班（Ben，与Bennet读音相似）叔叔身上，然后左转到本尼特街。班叔叔跑着（run）跳上了一艘帆船（sailboat，与Salem读音相似），然后右转到塞勒姆街。有点儿重口味，但令人难忘！现在，如果你在波士顿，你就知道如何从保罗·雷泽在广场上的家到塞勒姆的老北教堂。不用谢我！

**示例2——记忆难度更大的，包含数字的方向信息（读完第五章后，我们将更擅长记忆数字，但现在你也可以试试看）**

假设你在纽约观光，想潜入格拉梅西公园[①]（不对外开放，除非你有383个钥匙中的一个，否则是不可能进园的），也想去其他对外开放的公园，如中央公园。当我把公园地址输入到手机上的谷歌地图时，我注意到手

① 我是有惨痛教训的，我当时计划在格拉梅西公园向我现在的妻子求婚。事实证明钥匙是根本不可能拿到的，所以我最终只能在公园前求婚。这太糟糕了！不过，她还是答应了。

机只剩1%电量了。呃——哦，最好快速记住以下路线：

1. 20街往西走。
2. 在百老汇大街右转。
3. 在23街上乘坐开往上城区方向的N或者R列车。
4. 在57街站下车。
5. 沿第七大道走……直到你到达中央公园！

好吧，这次我们不用记一堆“左”和“右”了，但会有一些更复杂的涉及数字的指令。假设你已经在公园旁边的第20街，“在第20街向西走”其实也不是很难——就开始走呗。路线是从“在百老汇大街右转”开始需要记忆的。按照上一个示例中用的方法，我将开始想象我正在看一部非常时髦的百老汇音乐剧——里面有很多裸体和性暗示！随着剧情的发展，有一个场景是迈克尔·乔丹（23号是他的球衣号码，所以23让我想起了第23街）与一支挪威（Norwegians）球队打篮球（N-o-Rwegians让我想起了我有两个列车选项：N或R）。乔丹跳得比他们高（up可以联想到uptown——上城区），展示了他出色的运动能力！当乔丹落地时，他意外地落在了一个开关上（开关的off能让你联想到get off，能提醒你下车），他关掉了57盏舞台灯，让整个观众席陷入一片黑暗之中。如果“57”这个数字太抽象无法记住的话，那就把它分开来记：也许灯光只能照射到前5排的观众，而这5排观众恰好都是7岁的孩子……好像这个年纪的孩子不适合看这部音乐剧！最后，在黑暗的掩护下，那些鬼鬼祟祟的7岁小孩（第七大道）溜出了剧院，跑到公园去玩耍了（这会提醒你朝“公园”走）。这样，你就记住了！

**小贴士**

我知道，如果让你一下子想出这样的故事，你会觉得太难了。但是请相信我，通过一些练习，再加上你对自己记忆力的信心，它会比你想象的容易得多。我特意记录了所有的细节，这样你就可以理解这个例子了。但当你自己做的时候，你会更快地完成，因为你省去了阅读例子和想象的时间。你最应该做的事情就是尝试一下，然后看看自己有多厉害！

## 第二节——PEG法

链接法的优点是它可以快速完成，并按照列表的特定顺序进行记忆。但这种方法有两大缺点，其中最主要的一点是，它要求你从列表的第一项开始，然后逐一记住列表中的每一项。假设你是记忆美国历任总统，你记得的第一项是一台洗衣机（华盛顿）。也许你还记得史密斯奶奶的苹果（亚当斯）是被厨师（杰斐逊）从洗衣机里拿出来的，所以你知道接下来是麦迪逊（还记得厨师后来穿上了女仆的制服吗）。但是，如果你混淆了链条上某一项的顺序，或者对链条上某一环节的记忆是完全空白的，你就被困在那儿了，那你的列表就不完整了。遗憾的是，链接法是单向传递信息的，你按照列表的顺序记住了所有的列项，但是一旦打乱了列表中的顺序，你是不是就记不住了呢？那么，有没有什么方法可以解决这个问题呢？

来，让我们一起认识一下PEG法。

PEG法（或叫“锚定法”）是另一种记忆技术，它本质上弥补了链接法的最大缺点，因为它可以单独记住列表中的每一项。你仍然需要胶水一样的东西将所有的列项黏合在一起（即通过链接步骤），但是PEG法不是将它们粘在一起，而是将每个列项“锚定”到另一个列表中的“锚”上。我知道你在想什么：“两个列表？！这太疯狂了！”你说得对，如果你必须通过记住另一张列表来记住第一张表的话，那是太疯狂了。这是其他一些记忆图书所教授的方法，但我会让你轻松很多。事实上，这会非常简单，你会在不知不觉中记住那张“锚”表。

举个例子，如果你是一个棒球迷，你已经记住了不同队员的位置列表（1是投手，2是接球手，等等），或者你碰巧知道我们太阳系中行星的排列顺序（水星、金星、地球等），因为你在很小的时候就记住了这些，那么你就已经有一张现成的PEG表了。或者用数字也可以！我们都知道如何从1数到任何你想要的数，对吗？所以，你又有了一张PEG表！还有最常见的一张表——字母表（A、B、C等）。基本上，任何你已经记住或熟悉的列表都可以作为你的PEG表。一旦有了一张PEG表，你就只需要遵循**识别—链接—整合**这三步骤，只是这一次，在链接部分需要把视觉图像与PEG表的列项进行链接，而PEG表的固定序列有助于你记住另一张列表的序列。

# 殿　下

## 如何记住英国的历任君主

既然我用链接法帮助你们记住了美国前15任总统，为公平起见，我想我们可以用PEG法来记住英国的前几任君主。我本想涵盖英国的历任君主，但英国有着相当长的历史，所以这会耗费大量的时间。但是别担心，我会带着你们记住前几任君主。我觉得这是个很好的练习，所以如果你愿意的话，剩下的部分你可以试着自行完成。

首先，先确定我们要使用的PEG表。我建议选择字母表作为PEG表，因为大家都知道从A到Z的字母表。如果我们想记住英国的前十位君主，我们的锚就是字母A到J。但是，只有一个字母的字符作为锚可能还不够——它不足以让人印象深刻，不是吗？我们得为每个字母找到一个能代表它的简单图像。

我的建议是，如果是第一次做这个练习，可以回想一下你们幼儿园教室的墙壁。还记得那些草体英文字母吗？通常是一个字母和一个以这个字母开始的图片搭配在一起。A是苹果的图片（apple），B是球棍的图片（bat），C是汽车的图片（car）……都想起来了吧？

用什么图像并不重要，只要它是以你要记住的字母为首字母的，而且它足够简单［我不建议用absquatulate（逃跑）来代表字母A，或者用baboonery（粗鲁的行为）来代表字母B］。

以下是对字母A到J的建议：

A—apple（苹果）

B—bat（球棍）

C—car（汽车）

D—door（门）

E—elephant（大象）

F—fish（鱼）

G—grass（草）

H—house（房子）

I—ice cream（冰激凌）

J—jar（罐子）

以下是英国前十位君主的名单：

1. Offa 奥法
2. Egbert 埃格伯特
3. Aethelwulf 埃塞伍尔夫
4. Aethelbald 埃塞尔巴德
5. Athelbert 埃塞尔伯特
6. Aethelred 埃塞尔雷德
7. Alfred 阿尔弗雷德
8. Edward the Elder 爱德华
9. Aethelstan 埃塞尔斯坦
10. Edmund the Magnificent 埃德蒙大帝

我承认这是一个令人绝望的名单，有一些非常奇怪但很相似的名字。不过，不用担心！不要忘记我一直和你们强调的，要对自己的记忆力有信心。

**小贴士**

在君主列表中，有几个“Aethel”前缀，这可能很难进行联想，所以在整合前，我们要先一起想一下。Aethel听起来像“Aethyl”（乙基），这是化学品名称中常见的前缀。既然我们通常把化学液体装在瓶子里，那么就干脆用瓶子的图像来代表Aethel吧。

我们能做到的。我们所要做的就是找到每个君主的生动形象，把它链接到我们PEG表中相应的数字上，然后像往常一样，**整合**！看一下第100～101页的图表，你就会知道我是怎么做到的。

在你记住上述图表之后，要做什么呢？嗯，回忆的心理过程如下（慢动作，所以你可以跟得上）：

你知道字母表的顺序，所以你从A开始。然后你问自己，你的PEG表以A开头的单词是什么？是苹果，那么苹果的图像就应该链接在任何你想锚定的图像上。在这个例子中，那就是一桶内脏（offal）：国王奥法！接下来，B（球棍）帮助我们记住，一支棒球棍（baseball bat）打碎了一箱鸡蛋（eggs）：国王埃格伯特！你知道怎么做了吧？看看你是否能回忆起列表上的其余部分。

这让人印象深刻，对吧？更令人印象深刻的是，你可以顺着或者倒着说出整个列表。（尝试一下！）你可以从列表的任何一项开始，或者可以跳到列表上的某一项，而这是链接法无法做到的。你越熟悉你的PEG表，就能用它做越多令人印象深刻的事情。例如，如果我知道G是字母表中的第七个字母，那么我就能直接跳到英格兰第七任国王那里——那就是油炸草或阿尔弗雷德国王！我能立即找到我记忆中的所有信息，就好比我的大脑里有一个完美的档案系统一样！

作为一项练习，你可以先建立自己的字母PEG表（如果你想参考我的话，请看附录），然后试着记住另外十位君主（或者干脆，把它们全部完成）。

你现在可能在担心一个问题："但是纳尔逊，如果我的PEG表没有我要记住的列表那么长，那该怎么办？"这是个很棒的问题。我们有一些解决

## 使用字母记住英国国王列表

**奥法**

一桶黏黏的内脏（动物的内脏）
和美味的苹果片混合在一起。
那到底是什么味道？恶心！

**埃格伯特**

用棒球棍砸一箱鸡蛋。
砰！
想想那些到处都是的蛋黄泥。

**埃塞伍尔夫**

一辆行驶着的汽车里扔出一个装着狼的瓶子（bottled wolf），那只狼嗥叫着飞在空中。

**埃塞尔巴德**

一瓶会导致秃头的洗发水
被倒在了一扇长满毛的门上，让它……
是的，你猜对了，让它掉毛。

**埃塞尔伯特**

演员伯特·雷诺兹（Burt Reynolds）骑在大象的背上，喝着瓶子（bottle）里的酒。

## 使用字母记住英国国王列表

**埃塞尔雷德**

一瓶红色的染发剂（a bottle of red）倒在了鱼的身上。那条鱼现在有了几缕姜黄色的头发！

**阿尔弗雷德**

美味的汉堡包配上油炸（Alfred = Fried，油炸的）草（grass）。

**爱德华**

几个空房子（houses）中间放着一个又大又老的木头做的头（wooden head）（elder=老的，Edward=Head-Wood 木头的头）。

**埃塞尔斯坦**

站在（standing）一个装满美味冰激凌的瓶子上。

（别忘了，埃塞尔=瓶子，Aethel=Bottle。）

**埃德蒙大帝**

罐子里装了一堆高贵的脑袋（a mound of magnificent heads），堆成了个小山丘（Ed-Mund=Head-Mound 脑袋堆成了山丘）。这有多诡异？

方案。一种解决方案是在每个锚上分配列表上的多个项目。所以，A不仅仅是一桶黏糊糊的内脏（国王奥法），其中还混着碎鸡蛋（当然，需要记住的是，创建的图像要以某种方式记录顺序，这样你就知道先有内脏，然后才是鸡蛋）。另一种方案是找到一些聪明的方法来扩展你的PEG表。以字母PEG表为例，我们可以使用字母PEG表链接多个不同主题的列表。也许我们第一个表（同时也是主要的）——字母PEG表是针对动物类型的，第二个是针对不同的食物的，而第三个是与运动相关的单词，等等。所以，如果我的国王和女王名单超过了26项（因为字母表中只有26个字母），第27项到52项可能是我的第二个字母PEG表，而第53项及以后的项目就在我的第三个字母PEG表上了。

## 今天的计划是什么？

### 如何记住日常会面和会议

如果你不记得你在哪一天（哪个时间点）需要出席某个会议或聚会，这是很典型的记忆力缺失的表现。恰好有另一种PEG表可以彻底解决这个问题。你可以使用一周PEG表来管理每日的活动安排。我们可以使用类似于数字—韵律系统的方法，将一周的每一天与它读音相似的单词链接起来，比如周一和山（Monday-Mountain）。那些你一下子就能联想到的单词，你对它们的印象会最深刻。以下是我的建议。

周一：山（mountain）、月亮（moon）、怪物（monster）

周二：牙齿（tooth）、工具（tools）、卡通（toons）

周三：婚礼（wedding）、湿的（wet）、女靴（wedgie）

周四：口渴（thirst）、三垒（third base）、*30 Rock*（《我为喜剧狂》，美国的电视连续剧）

周五：炸薯条（french fries）、磨损（fraying）、冰箱（fridge）

周六：坐着（sitting）、卫星（satellite）、悲伤（sad/sadder）

周日：太阳（sun）、儿子（your son）

你也可以通过想象一个时钟的图像来记录你各个会议的确切时间，然后将时钟的表盘覆盖在你熟悉的与空间相关的PEG表上，以此来帮助你记忆。有一种可能是使用你熟悉的地图，比如美国的地图。如果我们鸟瞰美国的地图，就会发现中午/午夜12点的位置可能是在中北部的一个大城市，比如明尼阿波利斯。然后按照顺时针方向，各个时间的位置如下：

12:00——明尼阿波利斯

1:00——芝加哥

2:00——纽约

3:00——华盛顿特区

4:00——查尔斯顿

5:00——迈阿密

6:00——达拉斯

7:00——凤凰城

8:00——洛杉矶

9:00——旧金山

10:00——俄勒冈州波特兰

11:00——西雅图

你所使用的特定地点不一定要与时钟上的位置完全一致，它们甚至不一定是某个城市：如果我晚上7:00有晚餐的约会，而我无法想象自己在凤凰城，那我就想象我在沙漠中；如果我中午约了牙医看牙，那我就可以想象我是在湖里补牙的。不管你最后想象的图像是什么，它肯定比没有画面感的一串普通数字让人印象深刻。如果你预约的时间是30分钟、15分钟，或者45分钟，我们可以对图像进行简单的调整（类似于我们之前说到的为所有在任期间离世的总统都添加了红色）。举个例子，假设是在任何整点的时刻（12:00、2:00、5:00等），那就设定为正常的图像——没有任何的调整。任何在30分的时刻（12:30、3:30等），我们就把图像一分为二。对于任何在15分的时刻（1:15、6:15等），我们就在图像上添加一枚25美分的硬币（四分之一）。对于任何在45分的时刻（3:45、7:45等），我们就在图像上添加一支45口径的手枪。如果你还想记录活动安排是在上午还是下午，那你可以把下午活动的图像想象成黑色的。（我不太担心这个问题，因为对于很多活动安排，你只要从具体内容上就能分辨得出是在上午还是在下午。你不会在晚上10:45去看医生，也肯定不会在凌晨3:15去理发。）

### 我们一起试一试

### 示例——本周周二上午10:30看医生，周三下午1:00理发，周四晚上8:15参加儿子的钢琴演奏会

我发现在周二、周三和周四，我有一些重要的安排，那就从周二的安排开始吧。一周PEG表周二的图像是一颗牙齿。现在，让我们开始链接：周二的图像，将是一位医生和俄勒冈州波特兰的一些东西（10:00）混合在一起，而且图像被切成了两半（10:30）。波特兰让我想到了啤酒坊，那边有很多卖手工食品和饮料的商家。最后进行**整合**。想象一下，一位医生在一个啤酒坊喝

酒。他用一个豁了口的啤酒杯喝酒，他的一个牙齿碎成了两半。哎哟！

接下来，一周PEG表周三的图像是婚礼。我下午1:00要去理发，所以我想象的是我剪下来的头发被用作美味的芝加哥深盘比萨派的馅料。为了把理发这件事和婚礼联系起来，也许那些比萨派是为婚礼准备的，理发也发生在婚礼现场。

最后是周四晚上8:15儿子的钢琴演奏会。一周PEG表周四的图像是口渴。晚上8:15的图像是洛杉矶的夜景，还有一枚不知从哪里冒出来的25美分的硬币。下面这个怎么样？儿子正在洛杉矶的一家深夜爵士酒吧弹钢琴（想想瑞恩·高斯林在《爱乐之城》中的样子），他想借25美分给自己买一杯饮料——他实在是太渴了！

使用一周中的一天固定列表，记住您的预约

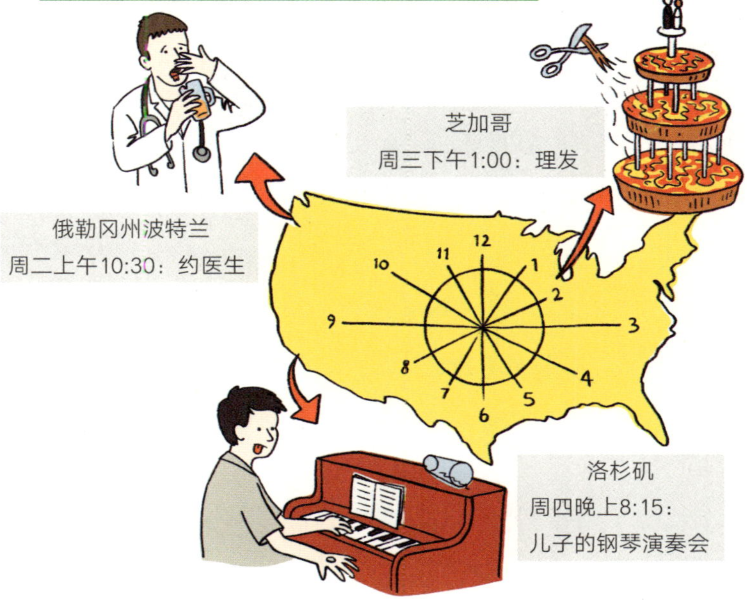

## 进球，进球，进球！

### 如何记住世界杯的历史

另一个好用的PEG表是数字PEG表。虽然我们还没有真正介绍如何记忆数字（将会在第五章介绍），但这里我将简要地展示一个使用数字PEG表的例子。

对于PEG表来说，最好的选择是你已经熟悉的列表。既然我们都知道如何数数，为什么不使用数字列表呢？我们使用数字PEG表时，不能仅仅将该数字作为我们的锚，还需要将该数字可视化，并将可视化的图像作为锚。

数字PEG表有两个简单的选项：数字—韵律系统（第五章第142页）和数字—形状系统（第五章第143页）。在数字—韵律系统中，你使用的图像来自与数字发音押韵的单词（1=bun，2=shoe，等等），而在数字—形状系统中，你使用的图像来自与数字形状相似的物品（1=棍子，2=天鹅，等等）。

自1930年以来，世界杯已经产生了20个冠军了。[1]让我们用数字—形状系统（我的个人偏好）来记忆最近获得冠军的五个球队。首先，我

① 到这本书出版的时候，已经产生第21个冠军了——法国队（又一次夺冠）。如果用0来代表新晋冠军，0的图像是足球，而法国的图像是埃菲尔铁塔，想象一下一堆足球被踢向埃菲尔铁塔的场面。

们要找到代表数字PEG表中1到5的图像。数字—形状系统使用的代表数字的图像是基于数字的形状（数字—形状系统的完整列表，请参阅第五章第143页）。

1. 棍子（看起来像一根棍子）。
2. 天鹅（看起来像一只在湖面上的天鹅）。
3. 手铐（看起来像一副打开的手铐）。
4. 帆船（看起来像小船的帆）。
5. 蛇（看起来像一条扭动着身体的蛇，随时准备进攻）。

因为世界杯的冠军球队都是国家队，我们想象的图像应该能让我们想起这个国家……

1. 德国=香肠。
2. 西班牙=斗牛士。
3. 意大利=比萨。
4. 巴西=足球。
5. 法国=埃菲尔铁塔。

然后，我们只需要将每个图像**链接**到相应的锚点，就可以**整合**了！

如果数到5，你不可能不想到与数字有关的形状，然后你就能联想到赢得世界杯的国家了。如果你处于紧要关头，亟须一个快速列表来链接图像，

## 使用数字PEG表，记住世界杯的冠军

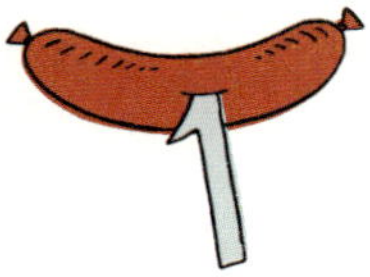


**德国**

想象把一根棍子或一个叉子刺进一根美味多汁的德国香肠里。

**西班牙**

想象一个西班牙斗牛士在斗牛场，只是他不是与公牛搏斗，而是与天鹅搏斗。

**意大利**

想象一个意大利流氓比萨，做了一些不好的事情，被逮捕并戴上了手铐。

**巴西**

想象两艘帆船在踢足球，来回踢一个巴西足球。

**法国**

想象埃菲尔铁塔不是铁塔，而是由成千上万条互相缠绕的蛇组成的蛇塔。

那么使用数字PEG表是很好的选择。但是，如果你的列表列项超过20项，我就不建议你使用这个方法了。试想一下，要找和23个数字押韵的单词，或者和数字45的形状相似的图像，啊……这不是容易的事，对吧？大多数数字—韵律系统或数字—形状系统，一般只到数字10，有些能到数字20。其实，超过20就没什么使用价值了。

与链接法一样，PEG/锚定法可以让你轻松地记住信息的顺序和位置，它还通过将每一列项与特定的位置相关联（而不是仅仅将其与之前和之后的列项相关联）来增强抵御干扰的能力。这意味着你可以从一个列项跳转到另一个列项，而不必被迫从头到尾进行记忆。但是，它们都做不到的是：记忆不能深深植入你的脑海深处，长久不忘，因为它们是一个个故事。这些故事只能四处流浪而无家可归，我们需要为它们找到一个家。为此，我们需要一种技术，可以利用我们大脑的特殊能力来记忆位置和空间。当然，我说的是旅行法。

## 第三节——旅行法

我之前讲述过希腊诗人西蒙尼德斯的故事，他的晚宴因为宴会厅坍塌而被迫中断，很多客人的尸体因面目全非而无法辨认。西蒙尼德斯发现当他闭上眼睛时，就能够回想起每位客人站立的位置，并以此来辨认尸体。这就是记忆宫殿的诞生——而我更喜欢将之称为“旅行法”。

它非常简单，会让我们想起刚刚学过的PEG法。事实上，它是一种对PEG法非常具体的应用，而且记忆的效果非常好。因此，它值得拥有自己的名字。这个方法要求你想象一个你非常熟悉的地方（它可以是你从小到大一直住的房子、你现在住的公寓、你去商店的路等，任何地方都可以），然后把你要记忆的物品图像锚定在你想象的那个地方的某个位置。这个方法和字母PEG表不一样，我们不是与字母表上的字母**链接**，而是与旅途中的某个位置**链接**。

虽然几个世纪以来，该技术的每一位使用者都知道它有多好，但我们近些年来才刚刚开始了解它的工作原理。从20世纪70年代开始，我们了解到工作记忆（获取新信息后，要么为了随后的使用，简单地概括信息的重点，要么对其进行编码，以便日后还能记住它）依赖于“视觉空间草图”[1]来创建我们能记住的头脑图像。20世纪80年代，研究人员发现视觉和空间的头脑图像是完全不同的。[2]21世纪初，进一步的研究表明，向人们提供新的视觉信息会干扰他们的视觉记忆，就像向他们展示新的空间信息会干扰他们的空间记忆一样。不过，视觉信息不会干扰他们的空间记忆，反之亦然。[3]简言之，**如果把视觉信息锚定在地点上，而非其他视觉信息上，你就不太可能把事情搞混。**

简单地说，我们的大脑为此早已做好了准备！那你准备好开始你的第一次记忆之旅了吗？

# 我去商店要买什么？

## 如何记住清单

你来到了家附近的商店，把手伸进衣服口袋，想找到那张你离家前写下来的购物清单。呃——噢，它不在那里！当你绞尽脑汁地回想要买的十样东西时，你会觉得如果每次去商店时都能记住要买的东西，那该多好啊！这样就不会再被你的配偶大声责备，不用浪费汽油来回跑好几趟，也不会回到家，因为发现忘记买最需要的东西而生气和抱怨。

记住一份购物清单，可以总结为记住10个到20个列项，这些单词都是名词且比较容易把它视觉化（当然，大部分列项是食物）。链接法和旅行法在这里都适用，但这是旅行法大放异彩的地方。

在我们进入**识别—链接—整合**三步骤之前，你需要决定一个旅程，用来存储所有的列项。你的家应该就可以！在我们走进你头脑里的家时，我要在你的大脑中留下十个词语。仔细观察它们，然后试着记住它们，但不要浪费时间去死记硬背。

在用这些物品“重新装饰”你的家之前，我们需要建造一条头脑里的路，来把你的家变成一段旅程。想象一下，站在你家的前门，然后走进大门，从一个房间到另一个房间，直到你找到十个不同的地方——一个单词一个地方。这条路可以是前门→玄关→客厅→厨房→走廊→楼梯→浴室→橱柜→床→卧室窗户，当然，这一切都取决于你家的布局，我只是为这个例子选择了以上路线，你以后可以做一条你自己的路线。唯一的要求是，你制定的路线是有意义的，它不能没有规律地从一个房间（物品）跳到另一个房间（物品）——它需要有某种顺序。想象你其实是在家里散步，顺时针或逆时针——记住前后要保持一致！这个路线甚至不需要你特别去记忆。需要你注意的是，我有时会使用一件家具，而其他时候会用整个房间或房间的一部分作为锚点。锚点具体是什么其实并不重要，只要你最终决定把它作为锚点就可以了。

你的购物清单

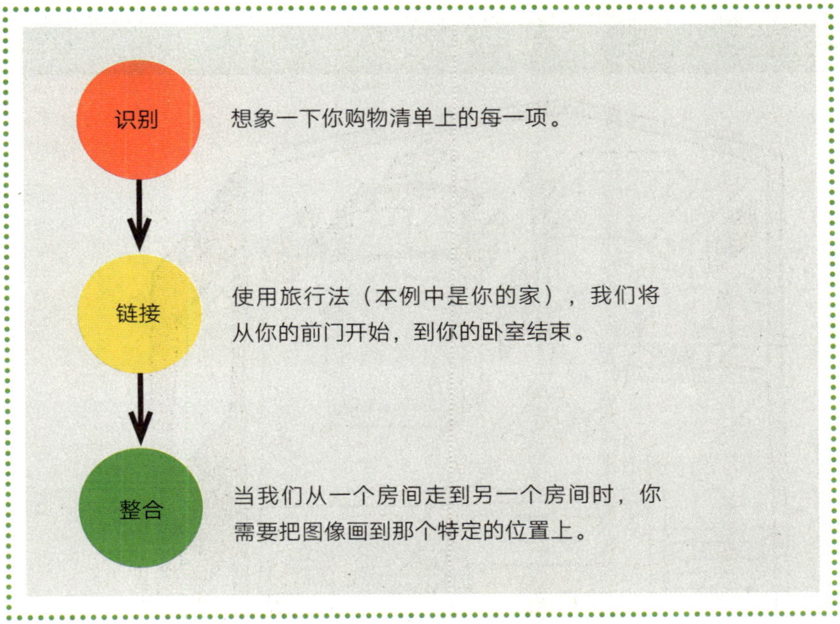


明白了吗？现在，我们将沿着这条路线，开始我们的第一次旅行（你可以拿笔把我选的锚点换成你选的——如果这样能让你更加容易发挥想象的话）。

从前门开始——试着把门想象成一大块瑞士奶酪。别忘了整合的步骤，所以让我们把奶酪变得超级臭。它甚至因为太腐烂了，都已经开始融化了。

走进大门，我们来到了玄关。但是，唉，它已经被卫生纸完全覆盖了！你甚至可以看到远处几个小屁孩边跑边笑着说刚刚把卫生纸都扔到了你家玄关。

来到客厅，“扑通”一声，一个巨大的猕猴桃掉到了客厅里。想象一

## 你的第一次记忆宫殿/旅程

下，毛茸茸的猕猴桃被切开了，你可以看到绿色的果肉。一大口咬下去，甜美多汁。不错吧？

接下来，在厨房里，想象一下，有一根又粗又结实的绳子，就像那种可以把游轮固定在一个套索上的绳子。你拿起它，在你的头顶上快速地甩动，结果把绳子甩到了厨房里的瓶瓶罐罐、锅碗瓢盆上，发出了各种巨响。

来到走廊，在那里一场大雨从天而降。走廊被淹了，你踩着齐脚踝深的水，听到雨点飞溅的声音，水撞击着你的腿和墙壁。

当你爬上楼梯时，一只小鸡飞了进来，决定和你一起爬楼梯。想象一下，这只鸡拍打着翅膀，身后留下了一串羽毛。

在那之后，你来到了浴室。马桶上堆着一大堆鸡蛋，而且鸡蛋越堆越多，越堆越高，几乎要碰到天花板了。一些鸡蛋甚至裂开了，里面露出开始大声鸣叫的小鸡。

浴室里有一个橱柜，你打开橱柜，发现无数的啤酒罐从里面不断地冒出来。它们中的一些掉到了地板上，开始冒气泡或流出啤酒，到处都是啤酒泡沫。别忘了想象啤酒的强烈气味！

走进卧室，在你的床上，有一台闪闪发光的银色机器。它只有一个超大的红色按钮，按钮旁边有一个小槽。你按下那个按钮，一块多汁的烟熏牛排就从小槽里滑了出来。你一遍又一遍地按下按钮，牛排就一直不断地从小槽里滑出来。嗯……无限量供应！

最后，走过你的床，从你卧室的窗户向外望，外面是一大片花海。想象一下，五颜六色的花朵吸引了好多蜜蜂。

请允许我感叹一下，这是一次多么庄严、优雅和惊人的怪异之旅。现

## 你还记得你的购物清单吗？

在，你不看购物清单，回到前门的位置，按照路线再走一次，途中回想你的单词清单。你还可以做得更好：从最后一个房间开始，按相反的顺序回忆清单。都能记住，是吗？太棒了！

## 一座山的任务！

### 如何记住世界上最高的山

因为我有登山背景，所以我认为我应该教你们记住世界上最高的山峰。[①]如果我不这样做，我会觉得对不起那些激发了那么多人思考、创造、探索和攀登的高山。同时，想想物理世界中的珠穆朗玛峰和记忆技术里的珠穆朗玛峰——旅行法，它们两者之间的相似之处。旅行方法确实是最好的记忆法，顶级记忆高手也用它来记忆所有的信息。

小数点后十万位数的圆周率？旅行法。

《圣经》中的所有经文？旅行法。

在二十秒钟内记住一副牌？是的，还是旅行法。

之前教了大家如何通过旅行法来记住购物清单，现在我们将用它来记忆事实清单（最高峰的名字）。这份清单比上一份更具挑战性的是山峰的名字，因为它们大部分都源于尼泊尔语/藏语。

事先需要提醒你一下，因为这些名字很难记，所以我可能不一定选择单

① 这是我在研讨会上会教给听众的事情之一。这也和我很好地联系在了一起，解释了我为什么要爬山。如果你好奇的话，我可以告诉你，我爬山是为了通过我的慈善组织“Climb for Memory”，来提高人们对阿尔茨海默病的认识。欲了解更多关于我的登山活动和筹款活动的信息，请访问网站www.limb4Memy.org。

独一个词来表示图像。它可能是一个短语或几个词，这样做只是为了确保山峰的名字的所有部分都是正确的……

1. Everest珠穆朗玛峰= resting 休息。
2. K2乔戈里峰= K9 Dog with 2 legs 两条腿的K9狗。
3. Kangchenjunga 干城章嘉峰 = Can Jackie Chan play a game of Jenga? 成龙会玩叠叠乐吗？
4. Lhotse 洛子峰= saying "lots to see" 说“有很多可看的啊”。
5. Makalu 马卡鲁峰= making a loo 做一个厕所。
6. CHO Oyu 卓奥友峰= saying "Lemme cho you" 说“让我来帮你”。
7. Dhaulagiri 道拉吉里峰= Dollar carry 携带美元。
8. Manaslu 马纳斯卢峰= man who flew 开飞机的人。
9. Nanga Parbat 南伽峰= Mango par bat 杧果标准球棒。
10. Annapurna 安纳普尔纳峰= Anna Kournikova Burning 安娜·库尔尼科娃在燃烧。

我们需要做的下一件事是决定一段旅程。在此之前，我们用的是房子，我鼓励你选择对你有意义的旅程，因为它们会比我在这里建议的任何旅程都让你更加难忘。但是，既然你们是第一次学习，那就让我为你们挑选一个吧，这样我们就可以一起学习了。要不我们就用后面一页上的后院吧。

既然我们已经选好了要用的空间，接下来，我们需要选择穿越该空间的路线，以及我们计划在这段旅程中停留的每一个锚点。我们要攻克海拔超过八千米的十个高峰（我会告诉你，所有的山峰都在喜马拉雅山脉），[①]所以我们需要10个锚点——每座山一个锚点。为了节省笔墨——并向你展示如何合理地利用你大脑的储存空间——我们可以让每个锚点对应两个山名，这样的话，5个锚点就够了。

你的旅程将从图片的左边开始，按逆时针方向绕一圈，如图所示。

① 世界上的十大高峰共计十四万八千米。登顶这十座高峰被认为是不可思议的成就，全世界只有不到四十个人做到了。而在没有任何氧气补给的情况下完成登顶的人数就更少了，这简直是不可能完成的任务！

## 你还记得所有的山名吗？

让我们把它们放在一起：

❶ **珠穆朗玛峰 & K2：在最左边的棕榈树下**（leftmost palm tree），我们想象的是**一只正在休息的两条腿的K9狗**（a resting K9 dog with only 2 legs）。

注意：重要的是要确保单词的顺序是“休息”在“狗”之前。因为我们一个锚对应两个词，所以要特别注意单词的顺序。我们要先记住珠穆朗玛峰，然后才是K2。

2. Kangchenjunga & Lhotse：在**火盆**（fire pit）旁边，**成龙**（Jackie Chan）一边**玩叠叠乐**（a game of jenga），一边用浓重的香港口音高喊着：**“有很多可看的啊，有很多可看的啊！”**（Lots to see, lots to see!）你作为观众，边看边想着：“嗯，成龙会玩叠叠乐吗？还是他会把所有的积木都弄倒？”他似乎做得很好，正在对你大喊：“来看一下啊！”
3. Makalu & Cho Oyu：在**游泳池**（pool）里，我们电影《疤面煞星》里的托尼·蒙大拿，他**做了个厕所**（马桶）（making a loo），告诉周围的每个人（当然是带着最浓重的古巴口音）：**“让我来帮你。”**（lemme cho you.）
4. Dhaulagiri & Manaslu：从**按摩浴缸**（jacuzzi）里飞出一个带着美元飞行的人（Dollar carrying man who is flying），他的胸口粘着一堆美元（记住，这里单词的顺序也很重要，所以“带着美元”要在“人”之前）。
5. Nanga Parbat & Annapurna：在**游泳池吧台**（pool bar）上，一位高尔夫球手把一个杧果（mango）一推入洞，而他使用的标准杆（par）其实是一根棒球棒（bat），然后杧果把安娜·库尔尼科娃（Anna Kournikova，著名的网球明星）燃烧（burning）着的头戳了出来。

这是一系列疯狂的事件，当然，这也是一段你不会忘记的记忆！如果你想倒过来说这个清单，需要注意的是，我们的每个锚点对应一组高山，所以不要忘记每一组也得倒过来说。

## 几勺芝麻酱？

### 如何记住你最爱的菜谱

让我们用旅行法来记住一些实用的东西，比如你最喜欢的酱汁配方——我最喜欢的是芝麻酱。你不仅会学到如何用旅行法来记住更长、更复杂的指令（在这里，我用菜谱举例，但这种方法同样也适用于其他任何类型的指令），还能掌握如何制作一种你可以加入任何食物中的美味酱汁（我把它和鸡肉、大米、藜麦、玉米、胡萝卜、杏仁、西蓝花和营养酵母等一起搅拌）。准备好让你的味蕾爆炸吧！①

把以下所有东西都扔进搅拌机里就可以了：

* 2瓣大蒜
* 2英寸（约5厘米）新鲜去皮的生姜
* 1汤匙塔玛里酱
* 2汤匙柠檬汁
* 2汤匙芝麻酱

① 实际上，这种酱汁是受波士顿附近一家名为Life A Live的餐厅的启发。我爱死它了。如果你去剑桥，一定要去尝一尝！

* 1汤匙橄榄油

* 2汤匙水

和往常一样，我们需要选择一个空间来创造我们的旅程。这次就用厨房吧（毕竟，这个酱汁是在厨房里做的）。让我们来看一下下面这张图。

我们有七个步骤的指示，所以我们穿过厨房的路线共需要七个锚点。你也许会好奇为什么我们不把两个步骤进行配对，和之前例子中把山名配对一样，这是因为这些指令比单个单词长，所以会更复杂一些。我宁愿为每个步骤指定一个完整的锚，这样我才能真正记住每个步骤。我们的旅程将从左边的门开始，最后到达对面的中心岛。

❶ 门在左边　❷ 水龙头　❸ 炉灶　❹ 微波炉
❺ 刀架　❻ 冰箱　❼ 中心岛

在我们开始想象图像之前，先看一下我们需要处理的内容。这里的七个步骤，每个步骤都是一种简单的食物，加上一个量度（分量、个数等）和一个数字。这个菜谱非常简单，因为几乎所有的东西都是一两汤匙，其他的食谱可能有汤匙、茶匙、杯子、升、克等不同的计量单位。我们对这些额外添加的细节并不陌生，只需要为它们每一个想出一个固定的、合适的图像就可以了。一汤匙可以是桌子，一茶匙可以是茶杯，依此类推。至于数字部分，我们可以即兴创作（或者跳转到第五章，快速学习一下数字系统）。现在，让我们开始想象我们的图像……

1. **2瓣大蒜：**想象一下**两个吸血鬼**（大蒜让我们想起那些出了名的怕大蒜的恶棍）从**门**口摔了进来。想象一下他们苍白的皮肤和尖牙。
2. **2英寸新鲜去皮的生姜：**想象一下打开**水龙头**，看到一个小小的**两英寸的红色脑袋**（我们或许可以把它亲切地称为"生姜人"）被冲了出来。更好的是，把我自己想象成2英寸高［我是一个6英尺6英寸（约198厘米）］的生姜。
3. **1汤匙塔玛里酱：**（塔玛里酱听起来有点像达玛尔，一种热达玛尔——肉桂嚼糖。）在**炉子**里熔化的是一个**热达玛尔**。
4. **2汤匙柠檬汁：**想象两个黄色的**柠檬**在**微波炉**里爆炸，柠檬汁飞溅在微波炉的玻璃上！
5. **2汤匙芝麻酱（tahini）：**大多数人知道它是芝麻酱，但假设你从未听说过这个词，那就想象一下把这个词分解成**The Heinie**（屁股）吧。不完全是这个词，但已经足够接近了。你从**刀架**上拔出一把巨大

## 记住如何做芝麻酱的步骤

的屠刀，然后开始切屁股（你的屁股）。啊，为什么？哎哟！记住，你的屁股有两瓣——这样能让你记住是2汤匙。

❻ **1汤匙橄榄油：**打开**冰箱**，你会发现**Olive Oyl**——大力水手的女朋友几乎冻僵了，她的牙齿在打战。

❼ **2汤匙水：**想象**中心岛**就是两片海域中的一个岛屿，岛的两边都是**海水**，海浪横扫岛的四周。

在你开始回想菜谱之前，我建议你先做晚饭，这样你做完酱汁就有东西可以拌着吃了。哦，不用感谢我。

## 我们该查一下谷歌地图吗？

### 如何更快地记住方向！

我们在前文中已经讨论过如何用**链接法**来记忆方向，那如果改用我们刚学的新技能——**旅行法**来记忆方向呢？

### 我们一起试一试

**示例——假设你在巴黎，刚刚在卢浮宫博物馆看完《蒙娜丽莎》，现在你想去几个街区之外的圣母大教堂参观**

你在卢浮宫博物馆门口拦住一个人，问道（幸运的是她会说英语）："请问，我从这里怎么去圣母大教堂？"她指着一条路，回答道："第一个路口左转到卢浮宫码头，一直走到第四座桥（或德拉丘街）右转，然后一直往前走，直到你看到在你左手边的大教堂。”“谢谢！”

当你听到这些时，可以将自己置身于头脑里的旅程中（实际上，任何你喜欢的地方都可以），并按照每一步方向的指引前行（可以添加图像来帮助你记住街道的名称或额外添加的细节）。你可能想从一个可以进入很多房间的地方开始（通常是客厅），如果碰到了死胡同，别担心啊——使用你的想象力让自己破墙而入！啊，这就是旅行法的美妙之处！

所以，如果第一步是“左转”，想象一下从客厅向左走。因为有一个街道名称要记住（卢浮宫码头），所以可以为此添加一个图像，并将它放在你左转后要去的房间/空间。“Quai”发音为“Kay”（类似于“OK”），不妨想象一下左转后，突然看到整个卢浮宫博物馆，你站在它旁边风轻云淡地说：“嗯，还不错……”（Okay-Louvre=Quai du Louvre）接下来，“一直走到第四座桥（或德拉丘街）右转”，沿着你记忆宫殿的走廊走，然后右转进入第一个房间/空间。在那里，你会看到一艘帆船（代表数字4）撞上了一座桥——“第四座桥”。如果你也想记住这条街的名字——Rue de la Cité（字面的意思是“城市的街道”），那就加入一只袋鼠（Kanga-Roo=Rue），袋鼠在城市（City=Cité）里跳来跳去，撞到了所有的建筑物。回顾一下：一艘帆船撞上了一座桥，然后旁边有一只袋鼠在城市里蹦蹦跳跳。最后，“一直往前走，直到你看到在你左手边的大教堂”。接下来，从目前所在的房间一直往前走一段时间，然后在某个时候想象一下向左一看，就看到了那座美丽的大教堂。

这个过程的好处是，你会知道你在每一步走到了哪一个房间，所以你不需要记忆往左、往右或直走——你只需要从一个房间走到另一个房间。

## 那永远的记忆！

### 如何管理你的旅程来保持长久的记忆

旅行法是一种简单但强大的记忆技术——在你的旅程中，你可以选择的锚点数量实际上是没有限制的。你可能会说："嘿，纳尔逊，我住在一个单间公寓里，这是否意味着我在记忆之旅中只能记忆两件东西？"不是的！即使是在一个又大又空的房间（或一个又小又挤的房间），你都至少可以找到五个锚点：四个角落和房间的中心。你也可以在房间里用不同的物品作为锚点：床、沙发、梳妆台、窗户、门等等。我自己的旅程有的会选在房间里，而有的则会跨越整个城市。

重要的是要记住，旅行法是通过视觉记忆和空间记忆相结合的方式进行的，所以它利用的是家具的位置，而不是家具本身。只要你按照方向一致的模式（例如，顺时针方向，从左到右，或一些明确的路径），你就可以在房间的任意角落开始一次微旅行。（你甚至可以想象自己像电影《亲爱的，我把孩子缩小了！》中那样的小人一样四处旅行——想想这样的话你的旅程会变得有多大！）正如德国杰出的记忆选手鲍里斯·康拉德喜欢说的那样："我可以教你用一块肥皂记住美国历任总统的名字！"

这就是旅行法比PEG法更出色的地方：**你的旅程要走多远，就能走多远。**即使你已经走遍了家中的每一个角落和缝隙，你只需要走出家门就可以延长你的旅程了。通常，旅行法被称为"记忆宫殿"。虽然"宫殿"这个词可能会让你想到"建筑"，但只要你选好锚点，并每次都按照相同的顺序依次通过各个锚点，那无论是开车绕城还是去山上散步，任何一个地方都可以是你的“宫殿”。对于我做过的一些较长的旅程，比如我用来记忆万位数的圆周率（是的，我做过这个），我会想象来到我的家乡迈阿密，在一些我熟悉的地方挑选几百个锚点——我住过的每个房子、所有我工作过的地方、我的高中、我最喜欢的书店等，以及我能记得的这些地方不同的房间和区域。

在这种情况下，你最好能逐一记录整个旅程中的每个锚点。在为每个锚点增加画面感之前，你可以在头脑中提前演练。你可能也想来个实地考察，以确保你有足够多的细节记住它们（如果你不能亲自去现场的话，也可以借助谷歌街景）。

你知道的地方越多，就能创造越多的旅程，添加更多的旅程就像升级你的大脑硬盘——增加千兆字节的容量。要善于利用那些让你难忘的地方，特别是那些对你来说很有意义的地方（就我个人而言，我喜欢重访珠穆朗玛峰大本营，而我最喜欢的是在巴黎散步）。如果你喜欢的话，可以用短的旅程记忆购物清单，用长的旅程记忆史诗。

如果你找不到合适的长途旅程，那该怎么办？应该把一些短的旅程组合在一起吗？我不推荐这么做，除非它们之间能自然地无缝衔接。但是，你可以将一个旅程细分成好几个部分，这对记住特定年份的事件特别有用。例如，我曾经在一个电视节目中教主持人如何记住历届奥斯卡最佳电影的影片名，从第一届的电影《翼》开始。我们的旅程发生在迈阿密的维兹卡亚博物馆及花园——对于每10年的最佳影片，我们使用了不同的花园。所以要记住1962年的最佳电影《阿拉伯的劳伦斯》，我们可以简单地放大“60s”部分，直接跳转到第三个锚点。

## 找到合适的旅程

就像我说的，你的家是个很好的旅程起点，之前住过的房子同样也可以。我打赌你还记得它们的布局，即使你已经不记得餐桌的形状了。你的学校或办公室也可以是你的一个选择。但旅程不必是个建筑物，也不必是固定的室外空间。天啊，它甚至不必是真实存在的。

如果说很喜欢美剧《宋飞正传》，那为什么不用杰瑞的公寓开始你的旅程呢？你也可以选择最喜欢的电影中的场景和布置作为锚点。我们在技术上模糊了旅行法和PEG法之间的界限，但它的记忆效果仍然是惊人的！如果喜欢《侠盗猎车手》《我的世界》或《使命召唤》这类游戏，你可以使用这些游戏世界里的场景作为你的旅程。有研究表明[4]：当你来到一个全新的地方（现实的或虚拟的），你甚至可以在五分钟之内把它变成和你的家一样完美的旅程。

你可以从想出三个旅程开始，其中包括你的家。对于每个人来说，找到一个自然的出发点很重要，不管是家门口还是你待过最久的地方。因为这是你的第一个锚点，从那里你可以在房间周围挑选更多的锚点，或者移动到另一个房间。不过，每段旅程你可能都需要10～20个锚点，所以尽量避免重复回到任一锚点。但如果你这么做了，请确保你从不同的角度观察周围的空间，这能让你感觉它变成“另一个不同的”锚点。在使用你的旅程来记忆任何东西之前，你可以往前或者往后走动走动，以确保锚点的顺序是正确的。

接下来，就可以开始行动了！

不过，要注意不要频繁地使用同一个旅程。一旦你在一个特定的旅程中“录下了”你想象的视觉图像，之后你可以在同一个旅程中用新的图像“覆盖掉”之前的录像。但是，如果你太频繁地使用同一段旅程，你可能会受到一些干扰。[①]对于像记忆待办事项清单和购物清单这类事情，重复录像是不可避免的，因为你每天都在记忆这些清单。如果你想一直记住一些事情，比如奥斯卡历届最佳影片奖的获奖电影，那你就挑选或创建一个专门用于该清单的旅程，永远都不要翻录它。

## 重温你的旅程

旅行法的伟大之处在于能把你学习的内容很快上传到你的记忆中。但是，就像我们记忆中的大多数东西一样，如果不复习，它就不可避免地会被遗忘。**这是毋庸置疑的事实，如果想长期记忆信息，你要做的就是复习，复习，再复习……**

复习会很乏味，而且需要时间和精力，但任何长期的记忆，关键都在于复习要有效率。用旅行法复习要容易得多，因为你所要做的就是闭上眼睛走完你的旅程。要聪明地复习，你就必须运用到“间隔重复”，这是基于这样一个事实：存在一个理想的时刻来复习你学到的信息。如果过早地复习这些信息，就是在浪费你的时间；如果复习得太晚，你就会忘记它们，甚至会浪费更多的时间去重新学习它们。事实上，复习的最好时机是在你即将忘记之

① “干扰”指的是受你以前记忆的图像的影响。

前。预测这个时间是很困难的，不同的人、不同的记忆信息，时间是不一样的。

德国心理学家赫尔曼·艾宾浩斯是较早提出学习曲线、遗忘曲线和间隔重复概念[5]的研究者之一。请注意，当你第一次记住一件事情时，你的记忆力大约是百分之百。几天以后，这个百分比会直线下降——所以这不是我们的错！随着时间的推移，我们的大脑自然而然地会忘记大部分事情。但是，艾宾浩斯发现，如果你在第一轮记忆之后复习这些信息，你的记忆力就会恢复到百分之百。同时，衰减的速度会变得更慢。这样做第二次、第三次，同时保持正确的间隔时间，你就基本上消除了记忆力的衰退——换句话说，你就永远都不会忘记了。

你可以这样理解：你拥有的任何记忆，本质上都是你大脑中神经元之间的链接。如果这种链接在很长一段时间内只被点燃了一次或两次，那么毫不意外的是，这种链接不会很强，而且会随着时间的推移变得越来越弱。但是，如果你持续激活和点燃这种链接（即复习这些记忆），这种链接就会得以加强。这会在这些神经元之间创造某种神经捷径——一个秘密后门，这些神经元之间的链接会越来越紧密，很快就会成为容易被点燃的链接——就像一个受欢迎的老朋友，或者更确切地说，受欢迎的记忆！

任何复习都有助于使信息保持更长的时间，但真正的长期记忆需要遵循一个数学模型，该模型涉及下页图中所示的遗忘曲线。①在现在这个时

① 曲线的数学方程是$R=e-t/s$，其中R是可检索性（衡量从记忆中检索一段信息的容易程度），s是记忆的稳定性（确定在没有训练、测试或其他提醒的情况下，随着时间的推移R下降的速度），t是时间。

代，不需要你自己知道所有这些信息，因为现在有现成的应用程序的！Anki、Memoriad和The Art of Memory，这些是我推荐的应用程序。只要在这些应用程序中输入你正在记忆的信息，它们就会提醒你复习那些你快要忘记的信息。

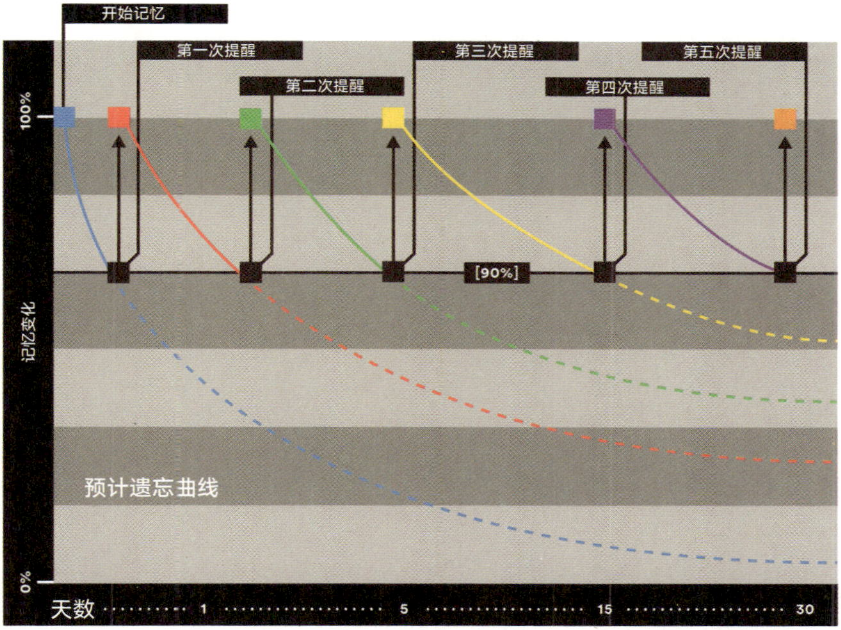

# 05

## 让数字变得有意义，并且记住它们

> 数字是有生命的，它们不仅仅是纸上的符号。
>
> ——沙肯塔拉·德维[1]

看看你周围——到处都是数字。你银行的存款余额是数字，观看的每一场体育赛事中争夺的比分是数字，用铅笔在你的日历上圈出来的是数字，你从头脑中引用的每一项统计数据也是数字。它们是我们身份的基础，即使你相信“年龄只不过是一个数字”，你和你认识的每个人仍然都自带这个数字，以及大量我们用来衡量和量化自己的其他数据。

你不需要成为统计学家、会计师、工程师或拍卖师，就能与数字有着密切的联系。即使你说自己“数学不好”，你还是无法彻底逃离它们，因为它们无处不在。

不难理解为什么数字会给这么多人带来这么多麻烦，特别是当涉及准确记住特定的数字时。它们太抽象，还容易混淆。即使我们能描绘出它们的形状，它们也没有颜色、纹理、环境、声音或味道。当数额不大的时候，我们也许可以把它们想象成有形的数量，但这种效果并不会随着数额的增大而增强：2只小猪的图像看上去和3只小猪的很不一样，但是102只小猪的图像看

① 沙肯塔拉·德维是印度著名的“人脑计算器”。她完成了很多人们认为不可能完成的任务，比如大额数字的乘法或开根号。她曾经成功地心算出两个13位数相乘的结果——7,686,369,774,870 × 2,465,099,745,779。她在二十秒内答对了，答案是：18,947,668,177,995,426,462,773,730。

起来和103只小猪的图像就几乎完全一样了。

经常接触数字的人，比如会计师和体育迷，可能会有一些优势。像49这样的数字，对于旧金山的橄榄球球迷来说，就不会觉得随机和抽象，而像1099这样的数字，对于会计师来说就具有特殊的意义。不过，你不必是一个经常接触数字的人，就能轻松地记住数字。**任何人只要让数字变得更有意义，就能更好地记住它们。**

那能记得有多好？不管你信不信，记忆圆周率位数的官方世界纪录是第70030位，保持者是印度的苏雷什·库马尔·马尔马，而在非官方的记录中，日本的原口晃曾达到第10万位。在记忆比赛中，我们需要在5分钟的时间内记住尽可能多的随机数字，记忆力冠军亚历克斯·穆伦目前保持着568位数字的世界纪录，我以前保持的美国纪录是339位数字。当然，这个纪录几乎每年都在变化。可能你出生那年记忆比赛中那些不可能完成的记忆任务，后来就变成顶尖记忆运动员日常的练习项目了。

那么，那些记忆数字的高手到底是怎样记忆数字的？我会是第一个告诉你这些的人：大多数记忆高手并没有在记忆数字上花很多时间，因为这不是科学，甚至不是数学，这只是在讲故事。这与我们之前讨论过的事情并没有什么不同，只是简单地**识别—链接—整合**三步骤的延伸。能以图像的形式**识别**数字是记忆数字过程中最困难的部分。但是，你不需要看到数字在跳舞，像电影《美丽心灵》中的约翰·纳什那样神奇地把数字聚集在一起。你需要的只是一个系统，一个由我们创建的系统！

## 第一节——小数字

当我们学习如何记忆数字时，我们真正要做的是学习如何记忆不同大小的数字序列。现在，你可能会想："但是，纳尔逊，数字序列和数字不是一样的吗？"是的，在记忆技术上是一样的。但在我们记忆数字时，与其把它看作是一个数字尺度上的单个单元（如34，或1764，或803976），还不如把它看作是一个个数字的集合——在宇宙中组成每个数字的各个数字原子。以这种方式思考数字会让我们节省很多时间，让我们的生活更轻松。想一下：只有十个数学原子——0、1、2、3、4、5、6、7、8和9，却有无限多的数字。当数字越来越大，它们实际上只是一个在长度上增长的数字序列。基于数字是由这10个数字原子组成的，我们可以创建一些非常简单但功能强大的记忆系统。然而，与任何事情一样，我们必须从某个地方开始，那为什么不从你日常生活中需要记忆的所有小数字开始呢？我说的是在输入密码和地址时需要记住的那些单个数字。那让我们开始吧，好吗？

### 我跑几圈了？

#### 如何记住单个数字

如果你做过这样的事情，那请你点点头：你在查一个电话号码，拨打电话时，你的眼睛会从电话簿上移到你的电话上。[①]这时，你会在脑子里一遍又一遍地默念电话号码（或大声地说出来），直到你拨完电话号码。这是个相当有效的记忆技巧——让你要记的东西在你的工作记忆中保持几秒钟，就能把它放在大脑前沿的位置，直到你需要使用它。有时，我们在工作记忆中保留一些东西，直到我们把它们替换掉，最好的例子就是计数。你只需要记住你计数时的最后一个数字，你一旦开始数下一个数字，就可以忘记之前的数字了。

以这种方式使用你的工作记忆，就像手拿精美的瓷器走钢丝一样——一个小失误，就把一切都毁了。一旦注意力被分散，你想记住的东西就都忘了。即使你没有分心，你的注意力也会因为完全专注于你要记住的信息而阻断了其他所有信息，甚至是更重要的信息。但是，这并不是唯一的记忆方式。

计数，或者说记住一个数字，是主动记忆最简单的形式之一。我最喜欢的记忆策略之一就是口技，当我在体育馆跑圈时，我会使用该技术。室内跑道的一圈是1/11英里[②]，而我通常跑33圈或34圈，两圈之间的间隔在一分钟多一点。所以在跑步时，我需要经常计数，而我更希望能拉开计数的间隔。当我跑了一会儿后，我会很容易忘记刚跑完的那圈是第22圈还是第23圈。我不会在心里默默计数，而是会用不同的声音或语调大声地说出每个数字（如果我不想吓到任何周边的人的话，我会小声地说出来）。有时，我甚至会用另一种语言说。关键是每次混合各种方式一起使用。我可能会用男中音说1，用

---

① 针对年轻读者的快速历史介绍：不管你信不信，20世纪初，我们是用电话簿的，而21世纪初的计算机太大，无法装在我们的口袋里，也无法用来打电话。

② 1英里≈1.609千米。

我能想到的最性感的法国口音说2，3可以用高音鼻音说，诸如此类。当我问自己："我跑到第3圈还是第4圈了？"我就能回想起高音调的3，因为我说它的方式让我印象深刻。如果你一时想不出很多种不同的声音，可以重复以前使用过的那些，只要不会因为相同的声音产生混淆就可以了。这应该不会特别困难，即使你不能用其他语言来计数，也可以使用不同的音调或口音：可以拉长调子或用颤音，还可以模仿机器人或者名人的声音，等等。我知道这听起来很疯狂，但记住，让事情变得疯狂/奇怪是让事情难忘的方式之一（回想第三章的内容，这是同样的方法，只是这次体现在了声音上）。

当你需要短暂记住一个数字的时候，该项技术是快速而有效的。除了在健身的时候能帮到你以外，它还可以帮助你记住楼层、公寓单元号或房号，只要数字相对较短，并假设你的工作记忆是可靠的（你只需要记住它们几分钟就够了）。虽然这个方法管用，但如果能更长时间地记住数字，那当然更好了。这是我们下一小节要讨论的内容！

## 钱越多，问题越多

### 如何记住密码、银行账户和校验码

现实生活中必须记忆的数字之一就是密码或短序列数字，因为它们能帮助我们获取最关键的信息：解锁手机、ATM机、健身房的柜子等。在前一小节，我介绍了如何在非常短的时间内记忆非常短的数字。现在，我们将数字的长度扩展到下一个级别，并且你想记住多久，你就能记住多久。

你在本章中会发现记忆数字的技巧变得越来越复杂，复杂性带来了好消息和坏消息。好消息是：能记住更长的数字，更擅长记忆数字！（这总是一件好事，对吧？）坏消息是：需要更多的准备时间来设置系统（我觉得这没什么大不了的）。还有更大的好消息：每个系统或方法都能用于我们之前所学的内容。因此，当你学习更复杂的系统时，可以用这一特定系统来满足你所有记忆数字的需求！

随着数字长度的增长，以图像的形式**识别**数字的难度也会随之增加。当然，你总是可以即兴发挥。如果一个数字能让你立马想起一些事情，那就太好了，你就有现成的图像了。但这样的好事并不会每次都发生。对于数字来说，它们并不是不可预测的，因为它们就是由十个不同的数字原子组成的，所以你需要的是一套编码系统。

由于密码和其他类似的数字（4~6位）长度都不是很长，所以我们可以使用最快捷和最简单的数字系统——著名的数字—韵律系统。它是这么工作的：每个数字都有一个能代表它的图像，而图像所代表的单词与原始数字的读音押韵。

这个单个数字系统的另一个版本是数字—形状系统，它使用的是数字的形状，而不是数字的读音。我更喜欢这个版本，因为它让图像的选择有了更大的灵活性。你可以自由选择你的数字图像，这些只是我的建议……

要记住一个数字序列，我们只需要将代表各个数字的物品串成一个令人难忘的故事。换句话说，就是**链接**！当你有了这样的故事，当然最重要的是找到一种方法，能让你永远记住这个特定的数字序列是与密码相关的，它能让你进入你的银行账户，或者打开你的手提箱。为了做到这一点，让我们**整合**！把让你难忘的故事和数字所代表的物品整合在一起。可以让这个故事尽

## 数字—韵律系统

英雄
（hero）

圆面包
（bun）

鞋子
（shoe）

树
（tree）

门
（door）

蜂巢
（hive）

枝条
（sticks）

天堂
（heaven）

栅门
（gate）

酒
（wine）

## 数字—形状系统

### 球

（任何圆形物体）例如，网球、足球、鹅卵石等。

### 棍

（任何棒状物体）例如，棒球棍、铅笔、刀等。

### 天鹅

（任何种类的鸟）例如，天鹅、鸭子、鹅等。

### 文胸

（任何类型的内衣）例如，胸罩、拳击内裤、紧身衣等。

### 帆船

（任何船只）例如，帆船、游艇、游轮等。

### 蛇

（任何爬行动物）例如，蛇、蠕虫、蝾螈、乌龟等。

### 高尔夫俱乐部

（任何运动球拍、球杆、器械）例如，高尔夫俱乐部、曲棍球场俱乐部、网球拍等。

### 回旋镖

（任何带有折角形状的物体）例如，回旋镖、箭头、货架支架等。

### 雪人

（任何与雪、圣诞节有关的）例如，雪人、驯鹿、圣诞老人等。

### 旗杆或绳子上的气球

（任何像棍子的东西顶端顶着什么）例如，旗杆、气球、绳子、热气球等。

可能地不切实际一点，这样你就不会忘记它了！

我刚才介绍的两个系统都是能快速上手且易于使用的。数字—韵律系统可能是最快速且需要最少设置的方法了，但它的图像并没有提供太多的选项。如果你的序列中有很多重复的数字，可能处理重复图像会是个麻烦事。在数字—形状系统中，因为更倾向于把图像按类别划分，这样就保证了图像选择的灵活度，这就是我更喜欢这个系统而不是前者的原因。例如，如果你必须记住数字2，你就不局限于一种选择，只要你的图像是一个与鸟类相关的动物（类似天鹅），你就能记得它是一个2。因此，如果你必须记住一串数字中的三个2，比如，你不需要想象三只天鹅，而是可以替换成一只天鹅、一只鸭子和一只鹰，这样的图像是不是会更让人印象深刻？

### 我们一起试一试

### 示例——手机的解锁密码是1002

让1代表铅笔，第一个0代表玻璃弹珠，第二个0代表橙子，2代表天鹅。我们的故事如下：你正在完成一项任务，你的办公桌上放着一堆铅笔，供你随时使用。你拿起一支铅笔开始写字，当你把笔尖压在纸上时，一颗玻璃弹珠从笔尖滚了出来，滚过桌面，然后掉到地板上，砸中了地上的一个橙子，接着弹到了边上一只天鹅的嘴里。嗯，我知道这是个荒唐的故事，但的确令人难忘吧？

接下来，我们以某种方式把它与你的手机**链接**。现在，这个奇怪的故事是我们这个时代最疯狂的视频之一，在短短几小时内就获得了超过一万亿次的点击量！当然，你的朋友会把视频转发给你，所以想象一下在手机上看到了这个奇怪的视频。

## 西南6480街，6……哪条街？

### 如何记住地址

你之前就出现过类似的情况：你和你的朋友一起外出，你们决定去参加一个聚会。有人通过短信得到了地址，这时每个人都在各自的车里，所以大家就透过车窗大声地喊出了地址来互相通知。你正要把地址输入你的GPS设备，这时突然所有人都开车走了，只剩你问自己："等一下，刚才说的地址是？"

地址中的数字，将使用你刚刚学的简单的单个数字系统来进行编码。对于单词，我们会用第四章中学到的内容。

### 我们一起试一试

### 示例——你新工作的办公地点是西南91街12412号

好吧，这个例子里有相当多的数字，但没问题！让我们回到数字—形状系统。第一个1是一根棍子，第一个2是一只红色的鸟——一只圣路易红雀（为什么不呢？）4是一艘游轮，第二个1是一支箭，第二个2是一只鸭子。

因为我使用的是数字—形状系统，图像是按类别划分的，所以我可以选择在当下我觉得最合适的图像。注意，地址中有两个重复的数字。我们本可以使用完全相同的图像来表示，但如果加入更多的变化，整个故事会变得更加独特和令人难忘。

所以，我们第一串数字的故事可能是：你站在那里，手里拿着一根树枝，拍打着一只在你周围飞来飞去的圣路易红雀；然后，这只鸟飞走了，停在了一艘路过的游轮上，但它被箭射中了（哎哟！）；当我们试图找到箭的主人时，我们看到了一只拿着十字弓的鸭子，它正为自己刚做的事情得意地大笑着（这一点都不酷啊，鸭子）。

接下来是SW，你知道它代表西南。如果你不知道这一点，我们总是可以想出代表SW的图像——也许是“sweat”（汗水）。最后还有91。9可以是绳系着的气球，1是用来戳破气球的别针。最后，我们需要记住街。我们可以就想象一条街道。

让我们把它们都放在一起，然后与位置进行链接。我们可以首先想象一下，你在办公室的电脑前用树枝拍打那只红雀。然后故事继续下去，鸟飞到游轮上，被箭射中，而鸭子是射手。

我们再加上剩下的内容。鸭子被发现是射手，它满头是汗，把弓扔到一边。它抓住一个红色气球的绳子，把气球戳破了。然后，它逃离现场，跑到了最近的街道上，开着它的车离开了。

一个复杂的故事，但又一次，足够难忘！

## 第二节——中等长度的数字

在上一节中，我们讨论了几种简单的方法来记住一位数或较短的数字。这些是相当基础的方法，但它们真的管用（事实上，我会使用它们来记忆日常用到的简单数字，如密码）。但我不会用它们来记忆超过五位的数字，因为即使我是专业人士，也仍然遵守对所有人来说最基本的记忆原则之一：需要记住的信息越少越好。如果我看到961584这个数字，我不会尝试记住“气球—高尔夫球杆—棍子—蛇—雪人—帆船”，因为我可以更简单地想象“我最好的朋友诺亚用剑在黑板上写字”，这只需要一个图像。而如果使用一位数的系统，我需要两到三个图像，甚至高达六个图像。

这些图像不是任意选定的——它们都属于我之前提到的同一个数字系统。还记得大象在拖拉机上、詹姆斯·邦德、托尼·布莱尔和50美分在健身房吗？我把像这样的图像分配给每个不同的两位数，所以当我看到某个数字时，我会立即把它和那个图像联系起来。同样地，当我回忆起记忆之旅中一系列图像时，我可以快速地将它们转换为各自代表的数字。

**学习数字系统就像学习一门语言。**比如，你在学法语，而你刚刚学会了"chien"这个词，它的意思是"狗"。一开始，你会学习这个法语单词，然后在头脑里把它归档。下一次当你遇到它时，你会花一秒钟来思考它，并把它翻译成英文单词。只有这样，你才能想出这个词的意思是"狗"。在大量使用这个词之后，这些中间步骤就会消失，你会突然发现自己看见这个法语单词的时候，就能立即想到它的含义。同样地，在学习了数字系统之后，中间的翻译过程最终会变得非常轻松和流畅。如果你努力的话，你会一直记得这个数字系统。我保证每次你需要记住数字的时候，它都能帮到你。

我将在后文中用我个人最喜欢的"数字语言"——人—行动—对象系统（简称"PAO系统"），向你介绍如何创建你自己的系统，但我想让你自己选择，因为你的数字系统将真正由你来创造，并将完全依赖于使用你的参考框架。有时，当一种数字语言不管用时，把两种数字语言的元素组合在一起，才能产生令人难忘的图像。所以，我们开始PAO系统之前，我将先向你介绍一下少校系统。

## 我能给你打电话吗？

### 如何记住他的电话号码

想一想：除了你自己的电话号码以外，你还能记住多少个电话号码？

可能没有。这很吓人，对吧？虽然我敢打赌，如果你真记得一两个电话号码，这也是你很久以前记下来的，因为那时你不得不记住它们，要不然你就得去查电话号码簿了。（倒抽一口冷气！）这里停一下，想一想这个事情……也就是说，你记得几年前的一个电话号码，但最近你都没有记住任何重要的电话号码。

对此，我立马能收到的尖刻回应可能是："纳尔逊，既然手机能为我记住所有的号码，我为什么还要费心记号码呢？"嗯，很有道理。但首先，你读这本书是因为你想拥有更好的记忆力，而更好的记忆力需要不断地练习，所以开始练习吧！其次，你可能会发现记电话号码太难（而存在你的手机里就容易多了），所以你再也不想尝试了。但是，如果我能让你更轻松地记住数字，那试一试对你又有什么损失呢？

听着，我不是说你再也不要把电话号码存在手机里了，我也会使用电子设备管理我的生活，但你可以先记住一个号码，之后再把它输入你的手机，这样如何？当打电话给某个人时，如果不赶时间，可以想一想他的电话号码，这样可以吗？这些小细节会大大提升你的数字记忆能力——在电池没电的时候，也能给你减少很多麻烦。现在，让我们来谈谈它的技术方面……

记忆电话号码比记忆本章之前讨论的数字类型要复杂一些，但仅仅是因为电话号码的长度更长一些，我们使用得也更频繁一些。除非你有超强的工作记忆，否则很有可能你仅靠默念电话号码是不能把它记住的（即使你能记住的话，我也不觉得你可以记很久）。但别担心，因为我们人类基本上就是被设计成这样的。记住，我们的工作记忆可以保存的信息数，平均值是7

项，正负误差2项，[①]所以不要太难过！

即使你很熟悉电话号码里的区号，你还是需要记忆7项信息。你可以把电话号码看作是一个有7项内容的清单。你已经知道如何使用链接法（见第80页）或旅行法[②]（见第109页）来有效地记忆清单，现在你所需要做的就是将这些抽象的数字转换为可视化的具体事物。

除了给每个数字分配一个图像——就像我们在数字—韵律或数字—形状系统所做的那样，记住电话号码最简单的方法是在实际数字中寻找数字的模式或可识别的字符串，并把它们放入同一个“分组”（将多个数字组合在一起来表示同一事物，就是我们所说的“分组”）。对于那些对数字不敏感或者对任何数字都不感兴趣的人来说，这是相当困难的，而那些热衷于跑步的人（痴迷于马拉松/半程马拉松的完成时间、里程等）、分析家、体育狂热分子或会计师（你懂的）可以从一串数字中提炼出不同的意义。在卡耐基梅隆大学的一项著名的记忆研究中[1]，大学生被反复测试记忆数字长度的能力（数字被大声地念给他们听，看他们能记住多少位数字）。一开始，一位参与者一次只能记住7位数字，但他后来记住了令人难以置信的82位数字（没有经过任何记忆训练）！他是怎么做到的？

因为他碰巧是一名长跑健将，在几次记忆测试后，他就把部分数字想象

① 摘自有史以来最具参考价值的心理学论文之一：乔治·A. 米勒撰写的《魔法数字7，正负误差2：关于我们处理信息能力的一些限制》，发表在1956年第63期《心理学评论》上，可以在克里斯托弗·D. 格林创建的网站“心理学史上的经典”上查找到该论文，链接如下：http://psychclassics.Yorku.ca/Miller.

② 如果你只需要在拨号前记得该号码，那就使用链接法。如果你需要在较长的时间内记住这个号码的话，则旅行法更合适。

成他跑马拉松的次数，或者是他熟悉的跑步时的步距，等等。实际上，他把所有的数字都联系到了一个有意义的故事里，而这个故事是关于他喜欢的事情——跑步。

看看这个。如果我让你看一眼以下的号码（我承认这比电话号码长太多了，但请坚持），然后记住它，我猜你并不是很想这么做。

0 9 1 1 2 0 0 1 1 2 0 7 1 9 4 1 0 6 0 6 1 9 4 5

但是，如果我告诉你这是美国历史上三个重要的日期呢？

| | | |
|---|---|---|
| 2001-09-11 | 1941-12-07 | 1945-06-06 |
| 世界贸易中心被袭击 | 珍珠港事件 | 制订某个重大作战计划 |

这样就容易多了，对吧？几乎都不用花任何力气。突然间，这些数字就变得很有意义，而且令人难忘，很不可思议吧？从这一刻到下一刻：从容易忘记的，变成难以忘记的。这里有两件事在起作用：第一，我们把数字变成有意义的了；第二，我们把数字分组了，分成了按日期划分的三个组，这样数字从二十四位数字变成了三组数字。

如果可以的话，试着找到一些著名的（对你而言）或者你熟悉的数字组合，并将它们与一些小故事进行链接。如果你需要更长久地记忆数字，那可以重读记忆大法——旅行法，来获取更多细节。

现在，让我们来学点好东西。

## 少校系统[1]

要做到真正精通数字的记忆，我们需要能够像解读单词那样解读数字。我们将进一步学习更多复杂的数字系统，但是如果你需要一个能够快速记忆数字的系统，那么少校系统将是你最好的选择——它只需要几分钟就能学会！

少校系统的基本原理是将你想记忆的每一个数字都转换成一个辅音。通过链接这些辅音，并在这些辅音之间和周围填充元音，你可以创建一串单词，这样你就可以将单词可视化并进行记忆。

我知道数字看上去有些吓人，但老实说，这个系统最难的部分是记住哪个辅音代表哪个数字——而实际上，这是一件轻而易举的事。大家看好了！下一页有十个数字以及它们各自所代表的辅音，我甚至会分享一个快速记忆的小窍门来帮助你记住它们。

好吧，都记住了。那然后呢？

要将数字转换为基于少校系统的单词的话，只需要研究数字，找出能代表数字的辅音。到这一步，你还不会有一个单词，它们还是一堆辅音（还不容易记住）。

下一步是把一些元音塞进任何你喜欢或觉得合适的地方，这样就能把一堆辅音变成一个真正的单词了。你可以这样想：元音是自由的，辅音代表

① 最早的少校系统是由法国数学家皮埃尔·赫里奥内在16世纪初开发的。一些人认为“少校”这个名字源于本尼奥韦斯基少校，他在19世纪末出版了该系统的一个版本。该系统的当前版本（就是你在这里看到的）最早是由艾美·帕丽斯于1825年出版的。

数字。因为它是一个语音系统，所以拼写并不重要，它完全取决于读音。例如，像意大利面这样的单词，即使有很多字母，也只代表四个辅音：s（0）、p（9）、g（7）和t（1）。h是不发音的，而另一个字母t的发音严格说来是单词中t音的一部分。这个单词可以是长的，也可以是短的，这是这个系统的优点之一——你有很大的灵活性。

**少校系统**

| | | |
|---|---|---|
| 0 | s、z或轻声c（如cider里的c） | zero（0）中的z应该会让你想到声音。 |
| 1 | t或d | t和d都有1笔向下的笔画，它看起来像数字1。t和d的发音相似。 |
| 2 | n | n有2笔向下的笔画。 |
| 3 | m | m有3笔向下的笔画。（同时，把3翻转一下，你就得到了一个m！） |
| 4 | r | four（4）的最后一个字母是r。 |
| 5 | L | 你举起左手，有5个手指，你的食指和拇指之间的形状是L形。 |
| 6 | j、sh或轻声g（如ginger里的g） | 6看起来像g，sh、j和轻声g被放在一组是因为它们发音相似。 |
| 7 | K | 大写的K，当顺时针旋转90度时，看起来就像两个背靠背的7。你发现了吗？ |
| 8 | f或v | 草书的小写f看起来像8，f和v的发音相似。 |
| 9 | p或者b | 9看起来像p的镜像，也像上下颠倒的小写b。 |

## 我们一起试一试

### 示例1——86

首先，我们把这两个数字转换成辅音。基本的拆分是：

（f或v）+（j或sh或g或ch）

鱼

我们如何用元音填补空白，使之成为一个真正的单词呢？我们来玩一玩吧。有几个组合，比如fog（雾）、fish（鱼），或fuschia（紫红色）。记住，只需要这些单词的读音中含有那两个辅音就可以了（可以忘记拼写）。我选“鱼”这个词，是因为它很容易联想图像。

所以，86=鱼。如果你看到了数字86，那你就可以用鱼来记忆。当你稍后想起鱼这个图像，可以通过少校系统语音代码分解出两个辅音（f和sh），就能转换为一个数字（8和6……那就是86）。

## 示例2——35

35可以拆分成：

（m）+（L）

邮件

我们可以在字母之间或周围插入一些元音，可以有的一些选择是：mail（邮件）、male（男性）、mole（鼹鼠）、E-mail（电子邮件）、mile（英里）、mule（骡子）……你明白我的意思了吧？我会选择“邮件”这个单词。

## 示例3——27

27可以拆分成：

（n）+（K或c或g或ck或q）

Nokia（诺基亚）、nag（唠叨）、nog（木钉）、knock（敲门）（knock的第一个k是不发音的）。

## 示例4——323

让我们增加到三位数的数字。

323可以拆分成：

（m）+（n）+（m）

数字越大，就越难找到单个单词来替代它。尽你最大的努力，但如果你找不到，就把它分解成多个单词，再把这些单词链接在一起。用这些辅音，我们可以组成单词Ammonium（铵，这里两个m的发音等同于一个m的发音，所以不用担心），或者Mini-Me（电影《王牌大贱谍》中的人物），这个怎么样？又或者M&M's呢（巧克力豆）？

## 示例5——961574

让我们回到我之前提到的六位数字——961574。基本的拆分方法如下：

（p或b）+（j或sh或g或ch）+（t或d）+（L）+（K或c或g或ck或q）+（r）

你可能很难想出有这样6个辅音的单词，所以让我们看一下其他的选择。如果我们把它分成两组三位数（961和574），前半部分可以是：patched

（修补）、batched（分批）、pitched（音调）、bitched（贱人）、botched（拙劣的），或budget（预算）。后半部分可以是：lacker（缺少东西的人）、licker（刺辊）、liquor（酒）、locker（柜子）或lugger（小帆船）。我知道你可以搞定的，但这里有几个问题需要注意。首先，在所有前半部分的选项中，只有“预算”是一个名词，但它也很难视觉化。另外，其他的选项都是一个音节，这可能会让你忘记结尾的d音（除非你是一个莎士比亚戏剧演员，你所有的发音都用五音步抑扬格，如“bitch- é d”）。后半部分的选项会更好一些，除了lacker，因为很难想象一个人什么东西都缺，而特别缺的东西又是预算。这两个单词可以组合在一起，但肯定不是最佳组合。

所以，三对三的分组可能不行，那让我们试试二二二的分组（96、15和74）。我们现在第一组数字的选择是：Page（佩奇）、badge（徽章）、patch（补丁）、batch（批次）、pitch（音调）、bitch（贱人）、botch（拙劣）、Pudge（帕奇）和Budge（巴奇）。看来，我们有很好的选择。我倾向于选择Page和Pudge。中间数字的选择是：tall（高的）、tell（告诉）、Dell（戴尔）、Tull（塔尔）、Dill（迪尔）、toll（通行费）、doll（玩偶）和dull（呆板的）。最后数字的选择是：car（汽车）、core（核心）、Gore（戈尔）和cur（杂种狗）。这里可以有好几种好玩的组合。你可以想象一块补丁被贴在了一辆高高的汽车上，或者帕奇·罗德里格斯（前全明星接球手）把一个玩偶扔给阿尔·戈尔（艾伯特·戈尔，一般称为阿尔·戈尔，美国政治家），或者吉米·佩奇（吉他演奏家，他留着长长的卷发，用小提琴弓弹奏电吉他）和来自杰思罗·塔尔乐队的长笛手（他的名字叫伊恩·安德森，但我不记得他长什么样了，所以我只能想象一个穿着皮夹克吹长笛的嬉皮士）一起挤在汽车的后座上。

## 小贴士

不要因为这个数字系统而感到泄气。如果你曾经学习一门语言，你就知道语言都需要练习。你必须经常使用它，才能不断将它内化——换句话说，你就能更熟练地使用它。所以加强练习，把数字当作文字来阅读，或者把文字当数字来阅读，慢慢地，学习它们就会变得越来越容易。数字无处不在，当你经历堵车时，你可以试着把周围的车牌转换成文字！这是一个很好的练习。

我们一起来试一试记一个电话号码吧。让我们从没有区号的电话号码开始，或者假设你已经记住区号了。

## 示例6——纳尔逊，那个坐在吧台旁的高个子，他的电话号码是298－2926

电话号码可以拆分成：

（n）+（p或b）+（f或v）+（n）+（p或b）+（n）+（j或sh或g或ch）

因为号码很长，我们可以把它分解成几部分，以便能更快地找到对应的单词。29可以是nap（打盹儿），82可以是van（货车），926可以是pinch（掐）。所以就是打盹儿—货车—掐。可以想象一下，在货车里打个盹儿，然后被掐了一下，就醒了。这是电话号码的图像，但是我们如何将它与它的主人联系起来呢？假设你是在酒吧遇到我的。如何记我的电话号码，这完全取决于你从我们的互动中了解到了什么。可能是："嘿，我能留一下你的电话号码吗？"在这种情况下，没有真正的交流，你将不得不用我的外表和特征作为锚。也许我们聊了一小时，你就知道我爬过三次珠穆朗玛峰了。这让你印象深刻，所以这可以是你的锚。不管你选择的锚是什么，你要做的就是把它和手机号码的故事联系起来。让我们以我的外表作为这个例子里的锚。想象一个姜黄色头发的高个子正在打盹儿，在一辆货车里，你不得不掐他一下才能叫醒他，可以吗？

如果你需要在这个号码前加一个区号，只需要在你的故事中增加一些内容，没什么大不了的！

## 小贴士

当我询问别人的电话号码时，通常我会先问区号。如果是本地号码，我比较熟悉，就不用再去记忆区号，剩下的号码也就更容易记住了。如果是我不知道的区号，我会在他们告诉我剩下的号码之前先问一下：“这是哪里的区号？”也会让他们先停下来，让我想一下能代表区号的单词。这也有助于我把号码拆分成几块。如果有人一口气报了十位数的号码，我就很难记住它。但是，如果我能把它分解成三位数字——区号，然后另外的三位数字（号码的第一部分）和最后的四位数——我就能更好地记住它了。

到现在为止，你可能已经注意到了，使用少校系统为一串数字找到能代表这些数字的单词，这个过程可能会花很多时间。当然，如果你经常练习的话，速度就会变得越来越快，但一般来说，你可能会花费大量的时间来测试特定的数字组，看它们是否能够创建单词。解决这一问题的一种方法（以及在编码过程中提高速度的方法）是创建一个固定的少校系统。确定固定的数字分组，然后提前准备好这些数字组合可以创建的所有单词。这是一项很艰巨的工作，但这些努力是值得的。

大多数人会从两位数的少校系统开始，确定代表00的固定图像，然后完成所有两位数的固定图像（一直到99）。例如，76的图像是cash（现金），89是fib（谎言）——明白了吧？一旦你了解了所有这些图像，你就能把任何数字（无论多长的数字）每两位数分开，然后使用旅行法、PEG表或链接法来记忆这些图像。你可以在附录中找到我推荐的固定两位数的少校系统。

## 别忘了你的护照号码！

### 如何记住你的护照、社会保险和信用卡号码

电话号码并不是我们唯一记不住的数字——还有我们生活中其他的关键数字，我说的是护照号码、社会保险号码、十六位数的信用卡号码等。使用少校系统来记忆这样的数字是可行的，但可能很棘手，因为要记住较长的数字，我们需要记忆的图像数量会很多。当我们记忆很长的数字时，要特别注意把数字进行分组。你要记住：把数字分组也就意味着你把多个图像合并为

较少个数的图像。那问题就变成了：如何减少图像的个数？用图像来思考是很棒的，但是为什么为了一个数字要记住四五幅甚至六幅图像？如果你可以把数量压缩到一两幅呢？

少校系统的另一个缺点是，它缺乏图像上单词记忆顺序的纠错机制。当然，你可以想象坐在车里的佩奇和塔尔，但是万一你记成了塔尔和佩奇呢？你可以做额外的努力来想象一个图像发生在另一个图像之前，但是现在我要告诉你的是，这是记忆竞赛中最常见的错误之一——两三个单词排列的顺序不对。这个错误是致命的。

PAO系统是涉及与数字有关的信息时我最喜欢也是一定会用到的系统。有了这个系统，我们就进入了更加体系化的系统世界——系统是固定的，所以每个特定数字的图像总是相同的。如前所述，这类系统会花费你很多时间来掌握，因为你需要学习所有的图像。但请相信我，花时间学习这个系统会让你终身受益。

使用少校系统，我们可以将数字961574翻译为：96是Jimmy Page（吉米·佩奇，96=Page），15是Jethro Tull（杰思罗·塔尔乐队，15=Tull），74是Al Gore（阿尔·戈尔，74=Gore）。然后我们将这三个图像按特定的顺序进行**链接**，这样才能记住序列是961574，而不是159674或749615。然而，如果使用PAO系统，就不是将三个不同的图像链接在一起，而是遵循人物+动作+对象的公式，我们创造的每一幅图像都将遵循这个结构。最后，你有的就是一个图像，它由三个不同的部分组成，但是作为一个整体**整合**！

所以，我首先把吉米·佩奇想象成公式中的人物（因为他是序列中的第一位），表演第二个人物的动作（Jethro Tull的动作是吹长笛），针对的是第三个人物动作的对象（阿尔·戈尔的对象可以是地球，因为我想象他用纪录片《难以忽视的真相》来拯救地球）。因此，如果我想到了吉米·佩奇吹着长笛，然后地球从长笛里滚出来的画面，我就知道正确的次序是961574。人物总是在第一位，然后是行动，最后是对象。使用该系统的优点如下：

1. **分组**——通过合并要记忆的数字，你的记忆能达到最好的效果。更确切地说，你通过一幅图像就可以记住很多数字。

2. **固定的结构**——所有的图像都是固定的结构，都遵循人物—行动—对象的顺序，这有助于你进行记忆。如果你想不起来一个数字的序列，但你知道它的顺序总是先是人物，然后是动作，最后是对象，你就有可能思考所有的可能性。

3. **熟悉的图像**——因为你知道所有00～99的图像，而且它们不会改变，它们能帮助你确定你的数字序列并提高你的记忆速度，所以你不必每次都想象新的图像。而且，人物往往比随机单词更令人难忘（比如，你在少校系统中使用的那些单词）。

## PAO语音系统

PAO语音系统不是使用少校系统的语音代码，而是用它自己的优化代码。简言之，PAO系统是一种精简的数字语言，只使用英语字母表中的十个字母。PAO系统没有按形状和发音组织数字，而是简单地按字母的顺序组织数字（除了三个特例外）：

| | |
|---|---|
| 0 | O（很容易记住，因为零就像O一样圆，呵呵！） |
| 1 | A |
| 2 | B |
| 3 | C |
| 4 | D |
| 5 | E |
| 6 | S（比F更常见，而且容易记住，因为6的第一个字母是S。） |
| 7 | G |
| 8 | H |
| 9 | N（比I更常见，而且容易记住，因为9的第一个字母是N。） |

现在，你可能已经注意到了，到目前为止，在我的所有示例中，我倾向于成对拆分数字。使用PAO系统时，我们将继续遵循这个规则，所以每当我们看到一个数字时，我们就会把数字两两分组。这意味着，这个系统中不存在0～9的一位数字，我们总是两个数字一起记忆，所以00是我们的0，01是我们的1，依此类推。另外，因为它是一个两位数的数字系统，这就意味着一组人物—动作—对象共有六位数字（人物的两位数，动作的两位数，对象的两位数）。可以理解吧？一旦你头脑中有了PAO语音代码列表，下一步就是用它来给每一对数字赋予意义，从数字00一直到99，我们将为每对数字想出一个人物、一个动作和一个对象。好，开始创造你的PAO列表吧！

## 找到那个特别的人

首先，你需要找出与每个两位数相关的人（我们随后会处理动作和对象）。你可以分成三个阶段来完成。在我们开始之前，请拿出一张白纸，从00一直写到99——一共100对数字。我们开始填写这张名单，好吗？

### 第一个阶段——即时联想

在第一个阶段，我希望你暂时忽略PAO系统，先看一下所有你写下来的从00到99的数字。看着这些数字，其中有哪些是一下子就能吸引你的注意的？05让我想到一张5美元的钞票，上面有亚伯拉罕·林肯的头像，所以我用他来记住这个数字。我最喜欢的数字是12，所以我用我自己来记住它。另一个简单的例子是66——那必须是撒旦。作为一名体育迷，有几个数字对我来说比较特别：24是科比·布莱恩特，23是迈克尔·乔丹，34是沙奎尔·奥尼尔。

即使不是体育迷，你也仍然可以有一些即时联想。举个例子，如果你是披头士乐队的粉丝，64可能会让你想起《当我64岁时》这首歌，所以64就是保罗·麦卡特尼。如果你也想用到约翰·列侬，你可以把他记成08，因为《一周八天》这首歌（尽管保罗也参与了这首歌的创作）。

当你查看数字的时候，如果你在任何一个数字上停顿超过半秒钟还是什么也没有想到的话，那就先跳过它，稍后你可以重新回去继续想。这里的重点是先摘那些容易摘到的果子（指用最少的精力就能轻易实现的目标）——就是那些对你有特殊意义的数字，可以不用使用PAO语音代码记忆的数字。

这些即时联想是很重要的，因为一旦你完成了整个PAO列表，你就必须记住它。如果有些数字你已经熟悉到不用再去记忆（那些即时联想），那么掌握整个列表就会变得更容易。[①]

## 第二阶段——PAO联想

现在，我们真的得开始创造了！为剩下的数字创造图像将变得更具挑战性，因为你不得不按照PAO系统的要求来想出人物、行为和对象。有了PAO语音代码，我们就不用辅音和元音来创造单词了。相反，我们会用代表两位数字的两个字母作为首字母来表示人名（大多数的时候）。如果你真的卡在了一组首字母上，怎么也想不出来，那你可以跳过它，等到第三阶段的时候再回来继续想。

即使“PAO”中的“P”代表“人物”，你也可以尽可能地从广义上来理解。例如，数字06，我想不到任何人名字的缩写是O. S.，但看到这些字母让我想到了Mac OS X（MacOS是苹果公司为Mac系列产品开发的专属操作系统），所以人物就是史蒂夫·乔布斯了。数字80是H. O.，就像“Ho-Ho-Ho!”，那就是圣诞老人了。对数字75和它的代码G. E. 这类的要特别小心，因为G. E. 会很容易让人想到通用电气，而不是有动作和对象的某个特定人物，但P要求是人物，而不是事物，这是关键。

有时，你可能需要稍微调整一下某些人物来使他们更加难忘。几年前，当我创建我的系统时，我把乔治·克鲁尼（G. C.=73）变成了蝙蝠侠——因

① 不要担心，如果在这个阶段你想不出很多（或任何！）即时联想——我们将在下一阶段解决所有剩余的数字。

为即使他在电影《蝙蝠侠与罗宾》中饰演的蝙蝠侠乏善可陈，但他的这个蝙蝠侠角色仍然比他饰演的其他角色更让人难忘（至少对我来说是这样）。另一个是数字35，C. E.——克林特·伊斯特伍德，但我没有把他想象成日常生活中的他，而是把他想象成电影《黄金三镖客》中那个“没有名字”的西方枪手。数字36是C. S.，我把它与电子游戏《反恐精英》联系在了一起，我以前用狙击手的角色玩过这个游戏，所以数字36的人物就是狙击手。

这些只是我自己系统中的几个例子，如果你觉得有用的话，可以随意使用。最重要的是，当获得一组数字时，要用PAO系统快速翻译，并立即知道对应这两个字母的是哪个人物。

## 第三个阶段——查漏补缺

两个阶段后，100个两位数中可能仍然有几个数字的代表人物是空缺的。你可以更加努力地去联想，也可以决定有的数字就用少校系统。或者作为最后一招，你可以借鉴附录中我提供的入门列表。事实上，无论你的系统里有哪些人物，你都需要练习一段时间才能快速建立这些数字和它们关联人物之间的联系。我的建议是，最好试着找出那些对你来说最与众不同、最令人难忘的人物：朋友、家人、现在和以前重要的他人、特别的电影/卡通人物，甚至是宠物。把他们分配给你剩下的数字，然后记住他们。

## 接下来呢？

现在，你已经有了100人的完整列表，你需要回顾每一个人，并考虑与他们相关的动作和对象是什么。记住，PAO系统的逻辑是每个两位数代表一个人物、一个动作和一个对象。我想让你这样来做——想象这个人，并问自己："我的第一反应会觉得这个人在做什么呢？"然后问自己："我觉得这个人做这个动作时，动作的对象是什么呢？"例如：假设你决定数字16是阿诺德·施瓦辛格（A. S.=16）。如果你想象阿诺德在做什么动作，你会本能地想到他正在举重。他举重的对象是什么呢？当然是杠铃！所以，数字16就代表三件事：**阿诺德、举重和杠铃——人物、动作和对象。**根据数字在六位数字块中的位置，如果16是前两位数，那就是阿诺德·施瓦辛格（人物）。如果它是中间两位数字，则是另一个人（由前两位数字代表的人物）正在做举重的动作（阿诺德的动作）。最后，如果它是最后两位数，那就是有人在用杠铃做一些动作（阿诺德动作的对象）。

那阿尔伯特·爱因斯坦（A. E.=15）呢？我想象他在黑板上写字，他写字的对象是黑板。现在，数字15就是阿尔伯特·爱因斯坦、在黑板上写字和一块黑板。这三者是联系在一起的，所以你看，你不需要额外记住其他任何东西。

你的大部分动作和对象都应该是凭直觉完成的，但可能会有几个数字需要你做一些研究或努力，来联想一个独特的动作和（或）对象。更重要的是，确保你所有的动作和对象都是唯一的。你不能让两个不同的数字有着相同的动作或对象，因为这会让数字记忆变成一场噩梦——你怎么能分辨出它们的不同呢？是的，我知道，想出100个动作或对象似乎很有挑战性，但事实并非如此。

你可能会想出非常相似的动作或对象，但只要它们不是完全相同的，那就不会有问题。例如，在我的PAO清单上，数字35和36都把射击作为它们的动作，枪作为它们动作的对象：一个是一只手握着一把旧左轮手枪，发出一声巨响，另一个是两只手握着一支来复枪，发出尖叫声。非常相似但又足够不同，每当我回忆一段旅程，遇到其中一个或另一个时，我都能把它们区分开来。

既然你已经有了完整的两位数系统，那就先给自己一点表扬，表扬自己对记忆如此投入。那么，我们应该怎么使用这个系统呢？正如我前面提到的，每当我们看到一个数字序列，就把它分解为六位数的数字块。然后，每个数字块被分成三部分：人物两位数、动作两位数和对象两位数。如果我看数字163515，我会把它分解成16–35–15。然后，参照我的PAO列表，我会找到与前两位数相关联的人物，与中间两位数相关联的动作，以及与最后两位数相关联的对象。在这个例子中，人物是阿诺德·施瓦辛格（数字16），动作是射击（数字35——记住数字35是C. E.——克林特·伊斯特伍德，但因为这是中间的两位数，所以我们使用他的动作），动作的对象是黑板（数字15是阿尔伯特·爱因斯坦，他动作的对象是黑板）。把所有这些放在一起，你就会得到一个令人难忘的图像：阿诺德·施瓦辛格朝着黑板射击！

既然你已经学会了这个系统，那你能用它做什么呢？嗯，你可以做很多事情，但是要记住，当你刚开始用这个系统的时候，你在数字编码和翻译方面可能会有点慢。速度将随着你不断的练习而逐步提升。系统用得越多，你对数字就越熟悉。

图像已经想好了，那如何将它和数字一起记忆呢？和记忆其他东西一样——在旅途中使用一个锚点或一系列锚点来**链接**它。别忘了，记忆的过程总是类似的：**识别—链接—整合**！这是真正有趣的地方，因为现在你在家里会看到各种各样奇怪的场景（或者在你选择的任何记忆之旅中）。

## 小贴士

我建议你创建一个专门用于记忆个人数据的旅程：社会保险号码、护照号码、保单号码和信用卡号码。如果你想真正做到有条理，为什么不在家里选择一个房间或地点，与这些你要记忆的信息相链接，这样你就可以更快地找到它们？例如，我会把信用卡号码存储在我房间的电脑附近，因为在网上订购商品时会用到它。此外，也许我会在附近增加一个额外的图像，以帮助我快速记住它是哪一张卡。如果是美国银行的 Visa 卡，也许我会在电脑上挂起一面美国国旗（美国银行），国旗上的星星是摩根·弗里曼的脸（Visa 卡让我想起摩根·弗里曼，是因为他为 Visa 卡赞助奥运会的广告配音了）。而我的社保号码可以靠近我办公室的文件柜，因为我需要在办公室把这个号码进行归档。你明白该怎么做了吧？

### 我们一起试一试

### 示例1——护照号码：432212847

如果我们使用我的系统（参见附录），这个数字就可以分解为43–22–

12–847。

这个数字不是一个完美的六位数数块，但这没关系。对于最后一组三个数字，我会使用前面的两位数代表的人物，然后使用数字—形状系统为最后一个数字找到一个快速动作或对象的图像。这些数字块可以转化成：

1. 魔术师在魔方上哭泣。
2. 拉里·大卫抛出一个回旋镖。

现在进行**整合**。如果我把我的后院作为我的旅行地点，我会想象走廊里一个魔术师在魔方上不停地哭泣。然后，当我来到走廊旁的游泳池时，我看到拉里·大卫蹚过游泳池时向自己扔了一个回旋镖。[1]

① 你不是必须使用旅行法来记忆。事实上，你可以简单地把这一对PAO图像与护照本身的一些东西进行链接。比如，魔术师哭的原因可能是他在外旅行的时候想家了。然后，拉里·大卫给自己扔了一个回旋镖，是想让自己打起精神来。这样做是可以的，但是在我看来，像这样复杂的图像，用旅行法能让记忆变得更加容易和准确。

### 示例2——16位数的信用卡号码：4758402678314509

如果我们使用我的系统（参见附录），这个数字可以分解为47-58-40-26-78-31-45-09。

这个数字也不是一个完美的六位数数块，但这没关系，对于最后一组四个数字，我就只完成人物和动作部分。这些数块可以转化成：

1. 一个外星人在扑克牌上攀爬。
2. 小甜甜布兰妮在吃一片香蕉比萨。
3. 艾灵顿公爵在做开合跳。

47-58-40
外星人在扑克牌上攀爬

26-78-31
布兰妮在吃一片香蕉比萨

45-09
艾灵顿公爵在做开合跳

如果我把我家作为我的旅行地点，我会想象外星人在床上的一张扑克牌上攀爬（我旅程的第一个位置），布兰妮坐在马桶上吃着一片香蕉比萨饼（第二个位置），然后艾灵顿公爵在衣橱边做着开合跳（第三个位置）。这难道不是很奇怪吗？但很有趣，对吧？而且，最重要的是，这让人印象深刻。

一旦你有了一个系统，你就可以在任何遇到数字的场合使用这个系统。我应该说明的是，我给你们介绍的这几种数字记忆系统，它们都是很有用的！根据不同的使用场合，有的系统会比其他的更好用，但你可以随心所欲地使用任何你想用的系统。从理论上讲，PAO系统可以满足你所有数字记忆的需求，但这取决于你。在我看来，PAO系统是有趣的，可以创造出一些真正令人难忘的图像，所以我用它来解决99%的数字记忆问题！我想说，嘿，如果想象着克林特·伊斯特伍德穿着高跟鞋从烟囱里滑下来，就能帮我记住我的信用卡号码，那何乐而不为呢？

## 我该考虑买礼物了

### 如何记住重要的日子
### （周年纪念日、生日和特殊时刻）

有句名言是："如果你想永远记住你的结婚纪念日，你忘掉它一次就可以了。"先不管这些老掉牙的笑话，你现在有各种数字记忆系统把你武装到牙齿，来帮你记住重要的日子。我将向你展示几种方法，但我最喜欢的还是PAO系统。

总的做法如下。你要记住的是：一个人或一个事件——会附有相关的日期。日期含月和两位数的日子，甚至可能还有两位数的年份。那月可以看作是一个单词（1月、2月等）或者一个数字（01～12）。所以，我们需要做的是为这个日期——一个四位数的组合（月、日）或六位数的组合（年、月、日）——想象一个图像。一旦你**识别**了这个图像，就能将这个日期与相关的人物或事件进行链接，然后**整合**！

### 混合使用

假设你对掌握本节中的任何数字系统都不感兴趣，那你这辈子就再也不记得任何约会了吗？不，当然不会，总会有其他办法的。（我会强烈建议你使用数字系统，如少校系统或PAO系统，但如果你对数字感到极度恐惧而拒绝使用它们，那尽你最大的努力就好。）首先，是月。不用把它看作是一个数字，而是想想和每个月相关联的事情——也许是某个月里的假期，或者是某个月能让你联想到的颜色，或者任何浮现在你脑海中的东西。7月可能会让你想到一个金黄色的太阳，因为7月正值盛夏。2月可能会让你联想到一颗跳动的心，因为2月有情人节。11月？一只火鸡咯咯叫着，绕着鸡笼走来走去（感恩节）。而对于代表日子的数字，尽你最大的努力想出一些与之相关的图像。12号可能会让你想到午夜或午餐时间（12:00），而13号可能会让你想到倒霉的13或者电影《黑色星期五》。

### 我们一起试一试

### 示例1——你的游轮假期从8月18日开始

8月让我想起了假期后回到学校，所以8月的图像是一个背着书包穿着校服的小孩。如果不使用我的任何数字系统，数字18会让我想到愤怒的18岁。所以，我对这个日期的图像是一个穿着返校服、打扮得漂漂亮亮的小孩，和一群18岁的高年级学生一起走进学校。接下来，我们将这个图像**链接**到事件中，这样我们就可以记住这个日期代表了什么——在这个例子中，是游轮。让我们想象一下，这个孩子在学校的第一天是在游轮上度过的。现在，把所有的东西都汇总到一起，然后**整合**！让我们更进一步想象，也许这个孩子来到学校，而高年级学生（当然都是18岁）搞了一个高级的恶作剧——他们把一艘大型游轮开到了足球场上（别问我他们是怎么做到的）。

现在，当有人提起游轮的时候，我就会立刻想起学校足球场上游轮的恶作剧，我会想起8月（学龄儿童）18日（18岁高中生）。这样，我们就记住了：8月18日是游轮假期开始的日子！

## 使用少校系统

使用少校系统的优势是，我们知道如何将数字转换为单词。

### 示例2——你的结婚纪念日是10月8日

10月是一年中的第10个月，这可以转换成：

（t或d）+（z或s）

我的一些词语选择是：toes（脚趾）、tas（塔斯）、tease（戏弄）、daze（发呆）、days（日子）、doze（打瞌睡）和dose（剂量）。我喜欢

tas，它让我想起tasmanian devil（袋獾，亦被称作“塔斯马尼亚魔鬼”）。而对于日期，让我们把它看作是一个两位数08，这样我们就可以从中创建一个单词：

（z或s）+（f或v）

我的选项是：sofa（沙发）、safe（安全）、save（保存）和saive（塞弗）。我喜欢sofa。当我把这一切组合在一起的时候，我的图像是——塔斯、沙发，和我的婚礼（想象我的妻子穿着华丽的婚纱）——让我想象我美丽的新娘走过婚礼的走道，在祭坛上遇见一只在沙发上乱转的塔斯马尼亚魔鬼。我永远都不会忘记这个疯狂的画面，因此每年的10月8日，我都会和我的妻子一起度过。哈哈。

新娘走向沙发上的塔斯=10月8日结婚纪念日！

## 使用PAO系统

我喜欢这种方法，因为它是如此优雅和简单，唯一的缺点是你需要完成你的两位数PAO系统的设置和学习。但是，PAO系统简直就是用来记忆日期的完美设计！将与日期相关的人物作为锚点（如果是事件，那就要考虑与事件相关的人物），并让他们执行与两位数月相关的动作，而动作的对象是与两位数日期相关的对象（你可以在附录中找到我的PAO列表，我将在下面的示例中使用该列表）。

### 示例3——我妈妈的生日是7月24日

妈妈喝着装满了篮球的马提尼——7月24日！

7月是数字07，日期是数字24，所以我总是记得我妈妈喝着装满了篮球的马提尼（07–24）的画面。太不可思议了！

### 示例4——在11月1日重要的网络活动

11月的数字是11，日期的数字是01，所以我会想象我的老板在用斧头打网球（11–01）。是的，他的愤怒管理有问题！

### 示例5——同样的网络活动，但时间是11月1日的晚上7:30

我们有表示事件和日期的图像，但是我们如何添加时间呢？让我们在图像上添加一个额外的细节来表示时间。我会认为7是一个对象（07是詹姆斯·邦德的马提尼酒杯）。与其用图像来表示数字30，还不如把半小时看成是把我们的对象切成两半！让我们来总结一下：我们让愤怒的老板在组织和举办一个活动期间，用斧头打网球。他像挥舞网球拍一样挥舞着斧子，他愤怒的对象之一恰好是桌子上的一个马提尼酒杯。“啪！”它被劈成了两半！

马提尼——一半=马提尼—30=7:30。太棒了！

## 第三节——复杂数字

有时候，我们会需要处理复杂的数字。我指的是有字母和（或）符号混合在一起的数字——哎哟——或者是真的很长很长的数字——哎哟哎哟！这两种情况都会使情况变得更加复杂，但我们所掌握的技能还是可以解决这些问题的，只需要再加上一些技巧。

### p@55W0RD$@R3H@RD，求助！

#### 在线账户再也不要被锁了

我几乎每周都会查看一些新的网站，它们会要求我设置一个密码。即使是那些我不再使用的账号，我的密码也依然记录在案。即使我以为自己已经想出了完美的、不可破解的密码（如&V&5TyeM@EY$），我发现黑客还是有最新改进的方法来破解我的设置，我只能再一次更改密码。在我学习记忆技术之前，我根本记不得我为哪些网站更改过密码，更别说记住那些不同网站的不同密码了。我知道很多人都陷入过这样的困境，这种挫折感是非常普遍的，我将在本书中用好几页来解决这个问题。所以，大家不用绝望！这里有一种简单的"解药"，而且到目前为止，你所积累的记忆技能已经让你做好了使用它的准备。

几年前，安全顾问马克·伯内特发布了一份列表，列出了1000个最常用的密码，这些密码来自被黑客入侵的各种公共网站。你知道排名前三位的密码是什么吗？它们是“password”“123456”和“12345678”。如果你说，“嘿！这就是我所用的”，那么显然，并不是只有你一个人这么做——事实上，伯内特收集到的超过600万的用户名/密码组合中，其中9.8%使用了这三个密码中的一个。再往下看的话，你可以在清单上找到“rasta420”“trousers”和“boyah”这样的密码。但不幸的是，它们和“password”一样容易被破解。你一定不想让你的密码出现在伯内特的列表上——也不希望你的密码出现在众多已经被破解的密码列表上，它们可能是令人难忘的密码，但它们肯定不是好密码。

**一个好的密码不仅是令人难忘的，还得是独一无二且难以破解的。**随着黑客积累越来越多的密码列表和越来越多地借助计算机的能力，创建一个好的密码需要更多的复杂性。别担心，有一种方法能让你创建足够复杂但你仍然能记住的密码。我们马上就会开始这个过程。首先，我们需要一些基本的准则来创建真正强大的、不可破解的密码……

1. **增加长度**——密码越长，破解密码所需的时间就越长。七位数以下的密码，几分钟内就能被破解，而在长度上增加额外的几位数，就可能需要几年甚至几千年才能被破解。

2. **随机化**——任何一种可识别的字符序列，如单词、日期甚至键盘模式（例如，“QWERTYQWERTY”）都可能泄露信息。把四个常用的单词串在一起，还不如将六个或七个随机字符串在一起更有效。如果有人就是盯上了你，他们最开始尝试的就是你在公共社交媒体上公布的文字（如母校）和日期（如周年纪念日、亲戚的生日）。

3. **唯一性**——不要只是创建与其他人不一样的密码，而是要为你使用的每个网站创建不同的密码，或者至少为那些含有敏感个人信息的网站（如电子邮件、银行和社交媒体账户）创建唯一的密码。

如果你真的想创建最容易忘记的密码，那么它肯定具备一个好密码的所有属性：冗长、随机、唯一的抽象字符串，里面没有字典里可以查到的单词或名称。如果想让它变得更复杂的话，你可以设置一些大写字母和小写字母。当你需要回想它的时候，你得不到任何有用的提示，这会让你更难记住它。即使你超水平发挥，记对了16个字符密码中的15个字符，你还是一样进不去，这和你把密码中每个字符都记错并没有差别。（世界上没有一个网站会告诉你，或者告诉任何试图猜测你密码的人，“密码错误，但感谢你的尝试——除了第七个字符外，其余都是正确的”。）

目前，网站规定的设置密码时需要有符号、大写字母等要求，其实都源于创建难以破解的密码时最常用的策略——所谓的“施耐尔方案”，它是以著名的安全专家布鲁斯·施耐尔命名的。2008年，他在《卫报》上发表的一篇文章中提出了这一技巧。该策略是将一个流行的短语变成混杂着缩略词和完整单词的短语，如“tlpWENT2m”（“This little piggy went to market”，这只小猪去了市场），或只是一个随机短语，如“WIw7, mstmsritt”（“When I was seven, my sister threw my stuffed rabbit in the toilet”，我7岁时，我妹妹把我的兔子扔进了厕所里），或“Wow, doestcst”（“Wow, does that couch smell terrible”，哇，那沙发闻起来很臭）。对于冗长、随机、唯一的密码，这是一个非常好用的策略……但这很难让人记住。你如何记住哪些字母需要大写？你怎样才能记得哪些单词需要拼写出来？如果不同的网站你都重复使用施耐尔方案，那你如何记住哪个密码是用于哪个网站的？

幸运的是，我们知道如何让随机和抽象的信息变得容易记忆——通过将其转换为头脑中的图像，并创建用于存储记忆的锚点。那么，你如何运用**识别—链接—整合**这三步骤来记忆密码呢？你可以使用任何形式的记忆方法，但一个关键的因素是，你要始终用同一种记忆方法来记忆所有你创建的密码。如果你使用数字—韵律系统来记忆一些密码，而使用数字—形状系统来记忆其他一些密码，你会把自己和所有潜在的黑客都搞糊涂的。但是，你不必花太多时间来发明自己的系统。你可以使用我最喜欢的系统的简化版本——PAO系统。我们在本章介绍过该系统。该系统不仅可以帮你创建易于存储和记忆的视觉图像和故事，还可以将信息分组记忆（多个信息可以保存在单个视觉图像上），且保证记忆顺序的准确性。别担心，我会带你一起完成这个系统中的每个步骤。让我们开始吧！

## 识别

当你使用PAO系统来记忆密码时，你可以选择你想要的任何人物和动作（对象的话，还不能这么灵活使用，我们之后很快就会谈到这一点）。理论上讲，你可以先想出一串符合密码要求的字母、数字和符号，再想它们各自能用什么来代表，但最好是先挑选那些令人难忘、与众不同的人物、行动和对象，然后对它们进行缩减。我将解释如何记住密码的各个组件，但为了方便你们参考，下面是PAO密码最后的样子：CXc^JEJs$Me8。

如果你注意到其中的规律，就会发现把它分成三部分的话，每个部分都是一个、两个或三个大写字母，后面是一个小写字母，然后是一个符号或数字。这个密码背后的故事是：查尔斯·泽维尔（也就是《X战警》中的X教授）爬山，詹姆斯·厄尔·琼斯拿一条蛇当滑板在滑行，而麦当娜在吃雪人。

对我来说，记住这个密码的方法如下：选择两三个独一无二且令人难忘的人物，给他们每个人安排动作和对象，然后努力将他们组合成密码的形式。你不必使用我的密码规则（如果愿意的话，你可以自己编写），而我的密码规则如下：

1. 用大写字母来表示人物名字的首字母。
2. 用一个小写字母来表示动作的第一个字母。
3. 用一个非字母字符来表示对象的样子。

下面是对以上密码的解释：

| | | |
|---|---|---|
| CX<br>（Charles Xavier，<br>查尔斯·泽维尔） | c<br>（climbing，爬山） | ˆ<br>（mountain，山） |
| JEJ<br>（James Earl Jones，<br>詹姆斯·厄尔·琼斯） | s<br>（skateboarding，滑板） | $<br>（snake，蛇） |
| M<br>（Madonna，麦当娜） | e<br>（eating，吃） | 8<br>（snowman，雪人） |

我能很容易记住查尔斯·泽维尔，因为我可以想象他坐在轮椅上，光照在他亮闪闪、光秃秃的脑袋上。詹姆斯·厄尔·琼斯有着歌剧演唱家般庞大的身躯，我可以想象听到他深沉的低音，再加上他的名字有三个首字母，这可以打乱密码的模式。麦当娜的名字只有一个首字母，她戴着她标志性的圆锥形胸罩。所有这些人都有标志性的特征，这样他们就不会和其他人混淆了，尽管如果我过于关注詹姆斯·厄尔·琼斯说过的，“你低估了黑暗的力量”，我可能就会把他误记为达斯·维德（詹姆斯·厄尔·琼斯在电影《星球大战》中为达斯·维德这个角色配过音）。如果我太在意查尔斯·泽维尔的脸，我可能就会想到帕特里克·斯图尔特，他在一部《X战警》电影中饰演了X教授。

这里可以总结的经验是，当你可以做任意选择时，请仔细选择，并保持前后一致。不要用字母“M”来表示妈妈，也不要用爸爸真名的首字母来表示爸爸。如果你愿意，可以把像Ronald McDonald这样的名字缩写为“RMcD”（而不是“RMD”或“RM”），但如果你决定使用这样的缩写管理，那就确保你也将Rosie O’Donnell缩写为“RO’D”。

## 链接

一旦你有了密码的图像，为了创建一个真正难忘的密码——一个不仅对你自己，而且对你其他所有密码来说都是独一无二的密码，你需要有某种线索或提醒来将你和该密码解锁的东西进行链接。正如我们在前一章中所讨论的，旅行法是一种强大的记忆法，因为它能让我们将信息锚定在我们已经记住的地方。对于PAO系统（如有需要，可阅读上一节快速回顾相关内容），我们通常使用旅行法，而对于密码——尤其是当你可能几个星期或几个月都没有输入密码时——有一个旅程或者其他形式的链接让你与相关的网站产生强烈的联系就会变得至关重要。如果你使用一个密码登录谷歌，另一个密码登录银行账户，还有一个密码登录脸书的话，你会希望为谷歌密码选择一个链接，该链接是专门与谷歌关联的，另一个链接是专门与银行关联的，以此类推。如果要想有一点变化的话，对于密码，我们也可以像本章第一节中记住特定银行卡密码那样操作。这里有三种方法。

### 1. 直接关联的记忆旅程

这是最简单的链接，但它仅适用于某些类型的网站。与记忆旅程直接关联的是网站的实体部分，例如：当你想象你银行密码的PAO故事时，你可以选在本地银行的入口处开始；对于你公司的电子邮件，你可以从办公室门口开始。很容易，对吧？当然，你可能没有与谷歌或轻博客这类网站相关联的物理空间，那你可以使用第二种方法。

### 2. 间接关联的记忆旅程

这是一种强大的存储记忆的方法，但这里有个陷阱：间接关联本身需要足够令人难忘，这样才能让你链接到正确的旅程。谷歌可能会让你想起加州，加州会让你想到海滩，所以你可以用最典型的海滩图像作为这个网站的旅程。但是，每次被提示输入密码时，你都能完成“谷歌→加州→海滩”的链接吗？当然，你总是可以发挥你的想象力，为你的旅程增加额外的色彩，所以也许谷歌的彩虹色标志会让你想起彩虹色的海滩。

### 3. 标志之旅

对于那些难以定义且不能让你立刻与现实世界相关联的网站来说，标志之旅可能是你最好的选择。标志之旅其实挺简单的：只需要在网站标志的顶部、四周或内部想象你的旅程。这需要在可视化上多下功夫来增强其效果，因为标志与现实世界中的场景相比，没有那么丰富的感官体验。但是，它有非常明确的架构——密码视觉化只需要三个场景（三个不同的人物，用某个对象执行某个动作或向某个对象执行某个动作），你可以轻松地将这些场景用到任何标志中。

以亚马逊的标志为例：它相当简单，包含了文字Amazon和一个从字母A指向字母Z的黄色箭头。（我描述得清楚吗？它看起来也像个微笑。哦，图形设计师真是厉害。）这样奇怪但难忘的标志，看上去并不像一个理想的游乐场，但你要想到一切皆有可能：第一个人物爬到了字母A的顶部，就像爬到山的顶峰一样，或者从山顶滑了下来；第二个人物埋在字母M的两个弧之间，或者把黄色的箭头作为滑板坡道；第三个人物被困在了字母O里，或者他开着火车穿过N形的隧道向你冲来。你可以想象在整个标志上发生的一切，或者只选用标志中的关键元素（如箭头或滑板坡道）来想象更加逼真的场景。标志之旅最棒的地方就是每次登录时，你都能看到它出现在你的屏幕上。

## 整合

你可能已经注意到了，我为密码选择的动作与刚才描述的亚马逊标志之旅有很多关联性。我本来可以让查尔斯·泽维尔用他的轮椅表演前轮离地的特技，或者让詹姆斯·厄尔·琼斯做后空翻。我没有这么做，原因有两个，第一个原因很明显，那就是动作要可以链接到标志之旅。即使我已经一年没有输入密码了，对图像的印象也没那么深刻了，但标志的形状能提醒我想象那些在标志上发生的事情。第二个原因和干扰有关：如果我使用“pop a wheelie”（表演前轮离地的特技）作为动作——那密码是p？是Aw？还是paw？如果动作是back flip（后空翻），那密码是b，还是f？不要把自己搞糊涂了，试着用最简单的动词来做动作，比如jump（跳），而不是leap（跳跃），或者throw（抛），而不是fling（抛弃）。

正如我以前所说的，你可以选择任何你想要的人物和行动——尽管有些选择会更好一些。而当选择对象时，你的选择范围会比较受限——这是为了保持系统的一致性，并且为了让数字和符号组成的密码更难猜测，你选择对象的形状需要和键盘上的符号形状大致一致（例如，！可以是棒球棍，^可以是帽子，而~可以是虫子）。幸运的是，还是有很多选择的。除了10

个数字外，你还有22个符号和空格键，虽然有些网站不允许密码中含有某些符号，如空格和括号。因为其中的一些看起来比较类似（如连字符和下划线），所以你不能先确定对象，然后给它们随意分配字符。要么你避免使用这些过于类似的字符，要么你建立一个每个字符有一两个指定对象的系统。如果你建立了这样的系统，请将其记录下来，以供日后参考（或者你可以使用我的系统，见附录），然后将它保存在钱包里或记在手机里（不要担心，除非你把你特定的旅程也一并写下来，否则这并不会泄露你的密码）。

**小贴士**

如果你想要一种更安全的方法来记住所有不同的密码，但又不想冒着把它们写下来又弄丢那张纸的风险，你可以为它们创建一个专门的旅程。也就是用以上的方法与密码进行链接，然后为这些图像创建一个记忆之旅，这样可以帮助你更好地记忆它们。

### 额外加点儿料……

如果你想知道为什么你的密码得有三个PAO序列或三个人物做动作，那么简短的回答是：因为数学。破解密码的能力在某种程度上取决于计算机的处理能力。常规台式电脑可以在大约一分钟内破解6位字符的密码，大约一小时内破解7位字符的密码，大约五天的时间破解8位字符的密码，以及大约五年的时间破解9位字符的密码（这基本上只是说说而已，因为我不相信有一台电脑可以运行五年而不出任何故障）。即使有人知道你使用PAO系统设置密码，而且知道你只用大写字母代表人物的名字，只用小写字母代表人物的动作，以及只用数字和符号代表对象，他破解你的密码需要测试的密码组数，与他破解完全随机的9位字符密码也是基本一样的（而且，这还是在每个序列、每个人物你都用两个首字母代替人物的名字的情况下。如果用三个首字母或一个首字母代替人物的名字，还会大大增加破解的难度）。你还可以通过增加PAO系统的第四序列来提升密码的安全性，但可能没有这个必要（至少在计算机破解速度加快之前，是没有这个必要的），而且这样可能会超过网站对密码长度要求的上限。

现在，轮到你做决定了：你可以继续用“123456”这样的密码，也可以花几分钟时间来想象一个旅程，有三个人物、三个动作，还有三个对象。你可能需要花点时间完成几轮的密码登录和注销，来加深对记忆旅程的印象。如果你想备份你的旅程，可以随时将它记录在纸上，然后保存在某个安全的地方。即使在不需要输入密码就可以登录的情况下（例如，当你访问像谷歌和脸书这样的网站时，它会一直让你自动登录），你也可以每次练习回想你的密码，这样有助于你加深记忆。

无论你的密码目前是如何设置的，现在你都掌握了重建这些密码的技术和能力，你可以把它们变得更长、更随机、独一无二，最重要的是——令人难忘。

## 圆周率小数点后的10, 000位数？！

### 如何记住尽可能大的数字

你可能觉得自己永远不会需要记忆500位、10, 000位，甚至100, 000位的数字，但谁也不知道以后会发生什么，不是吗？等你学完这个章节的内容，就可以记住你想记住的任何长度的数字。（是的，甚至是100, 000位的数字，信不信由你！）

记忆大量的数字是我们记忆选手每天都在做的事情。无论是“快速记数”——必须在五分钟内记住尽可能多的数字（我的个人纪录是339位数字），还是“数字马拉松”——必须在一小时内记住尽可能多的数字（我的个人纪录是1555位数字），我们都用同样的方式记忆这些数字。要记住大量的数字，你需要确保旅程中有足够多的位置（或足够多的旅程）来存储你要记住的所有数字（说实话，这是最困难的部分）。另外，你还需要时间。当你完成记忆之旅中所有数字的存储后，会发现数字越大，你需要复习的内容就越多。

回到2016年世界阿尔茨海默病日那天，我尝试打破记忆圆周率位数（π=3.1415926……）世界纪录。[①]我之前已经记住了π小数点后的10, 000位数，而这次的挑战是在π的10, 000位数中任意选择连续的五位数，我需要说出这五位数前面的五位数和后面的五位数，在16分32秒（目前的纪录）以内，准确无误地完成50次。记住这10, 000位数并没有花费我很多的时间，我

① 我有三次机会，但每次我都犯了错误。这是一个很难打破的纪录！

把它们每1000位数分为一组，每天记忆一组数字，一共花了10天时间。我的大多数时间都花在了复习这些数字上。

我闭上眼睛，想象我飞越了一个又一个旅程。当我完成最后1000位数的记忆时，对它们的印象肯定比我之前复习的那些数字更深刻。所以，我依靠每天大量的复习才能一直记住这10,000位数。我想说的是：当数字的位数特别多的时候，你需要花费很多时间来复习，尤其是你第一次记忆它们的时候。

除了需要注意旅程的存储空间和复习时间以外，把你的两位数字系统增加到三位数字系统也是一种有用的调整，这样可以帮你将更多的数字组合在一起（更大的数块等于更少的图像）。如果你使用PAO系统，从100个人物/动作/对象到1000个，是非常大的挑战，但你使用PAO系统的回报是你可以将图像的总数减少1/3，这样你就可以在更短的旅程中储存更多的数字，也能让你记得更快。

有些人只把他们PAO系统中的人物增加到了1000个，但将动作和对象的个数保持在了两位数（这样，每个图像的数字块就是3-2-2，而不是2-2-2）。有些人（比如我）把他们PAO系统中的人物和对象都增加到了1000个，而将动作保持在100个（我这么选择是因为我不想设置1000个完全不同的动作）。

我将人物从100个增加到1000个的方法是使用了类别系统。我取任何一个原来的两位数，给它指定一个唯一的类别，这样我可以将与该类别相关的图像分配给以这两位数为结尾的其他9个三位数。举个例子，15（或015）是爱因斯坦，所有以15为末两位的三位数都归入爱因斯坦所在的著名科学家的类别（我定义的）。而不管是使用PAO系统还是少校系统的语音编码，三位数的第一位数字都可以提供与字母相关的线索，所以当我看到数字815时，我知道它是一个著名的科学家，其名字以h（PAO系统）、f或v（少校系统）开始——这两个选项都代表数字8。我的815是Richard Feynman（理查德·费曼，8=f，Feynman的首字母是f），我能很容易联想到他的图像。但因为我想不出9名科学家来，所以我在这个类别中增加了我最喜欢的科幻电影之一——《超时空接触》中的几个人物。

还会出现的情况是，对于一开始选择的两位数，我会找不到合适的类别。举个例子，对于83（或083）——探险家贝尔·吉罗斯，我不认识那么多知名的冒险家来填补这个类别的空缺，所以我就稍微延伸了一下。因此，所有以83结尾的三位数都变成了水果或蔬菜。（因为在野外生存，你必须想办法找到吃的！）以数字183为例，183是苹果（1=A，A=苹果）。你不必非得把数字分成不同的类别不可，但这样你能更快地记住三位数的系统。我花了将近6个月的时间来练习才记住的。

当然，也有人会使用三位数的少校系统。这样的话，你只需要1000个图像，其中有的可能混合着人物和对象（这取决于你选择的文字结构）。如果你的时间紧迫，那少校系统可能是更好的选择。你可以借助网络上大量的少校系统单词生成器来生成你所需要的单词。一旦你有了1000个图像，常见的做法是将两个图像（3–3共6位数）放置在一个位置上，或将三个图像（3–3–3共九位数）放置在一个位置上。我不喜欢这种方法，因为它不像人物—行动—对象的方法那样严谨，但有些人就喜欢它的灵活性——每个人都有自己的喜好。至少在精英记忆比赛中，PAO系统和少校系统都已经被证明是有效的方法。

## 小贴士

你可以利用这一技能在餐厅或酒吧赢得赌注或免费啤酒。有一次，我和一位餐厅经理打赌说我能记住我们一桌每个人的信用卡号码（那是一个有 9 个人参加的饭局）。他不相信我可以，并说如果我做到了，他将让我们免单（这顿饭远远超过 650 美元）。我就是用这个系统做的，让我成了朋友们心目中的英雄。你们也可以试试，玩得开心啊！

### 我们一起试一试

我会把大型数字的记忆留给你们自己去尝试，但我认为有一个特别的数字可能会是个有趣的例子：π 的小数点后32位数！

### 示例1——3.14159265358979323846264338327950

正如我们在本章中所看到的，有很多方法可以用来记住这么长的数字。我的选择是PAO系统。它唯一的缺点是需要提前做一些准备工作，为了方便起见，在这个例子中，让我们使用一个两位数的少校系统，这样每个人都可以跟上节奏。如果你好奇我是从哪里获取这些图像的，请参考附录中我完整的两位数少校系统。

好的，我们先将数字按两两一组的方式完成分组。然后，为了充分利用数字块的优势，我们再把两组数字合并成一组。这样，我们只需要8个图像和定位点来记忆它们：

14–15/92–65/35–89/79–32/38–46/26–43/38–32/79–50

接下来，请你看一下你所在房间或空间的四周，创建一个由8个锚点组成的旅程。从你站（或坐）的地方开始，顺时针在这个房间的空间里转一圈，最后回到你自己身上。恭喜你，你刚刚开始了你的第一次旅行！现在，让我们把那32个数字存储在你的旅程里！

使用我的少校系统（请记住，你可以在附录找到它），我们的图像如下：

| | |
|---|---|
| 14–15 | tire–doll（轮胎—洋娃娃） |
| 92–65 | pen–jello（笔—果冻） |
| 35–89 | mule–fib（骡子—撒谎） |
| 79–32 | cape–moon（斗篷—月亮） |
| 38–46 | movie–rash（电影—皮疹） |
| 26–43 | notch–ram（缺口—公羊） |
| 38–32 | movie–moon（电影—月亮） |
| 79–50 | cape–lace（斗篷—蕾丝） |

在你旅程的第一个位置，你会看到一个滚动的轮胎撞到了一个洋娃娃。然后到第二个位置，想象一下用一支笔在晃动着的绿色果冻上签名，依此类推。我让你从这里接手吧。①

是不是很神奇？8个傻傻的图像就能让你从前往后或者从后往前地记住32个数字！

① 如果你不想记住我的少校系统图像，但仍然想快速记住圆周率，那就记住这句话"How I need a drink, alcoholic of course, after the heavy lectures involving quantum mechanics"。每个单词中的字母数对应着圆周率中的数字（How=3，I=1，need=4，以此类推）。记住这句话会让你记住十五位数的圆周率。是不是很酷？

# 06

# 记住其他一些事情的窍门

> 一个人真正拥有的是他的记忆。
> 没有其他东西能让他富有，也没有其他东西能让他贫穷。
> ——亚历山大·史密斯[①]

到目前为止，我们一直在一点一点地学习基础知识，但我并没有涵盖所有的事情。现在，我们有了一整套的工具——针对**识别—链接—整合**这三个步骤，我们都有了各种策略——让我们把它们汇总在一起，来学习如何记住其他那些重要的事情。

本章中，我们将学习如何记忆演讲、诗歌、外语、历史日期、地理，以及我所认为的记忆技巧的巅峰之作：记住一副扑克牌。

所以，拿出所有的记忆工具，让我们开始吧。

## 第一节——演讲和文字

你是不是已经准备好登台展示你的记忆能力了？好吧，也许你还没准备

① 亚历山大·史密斯：19世纪苏格兰诗人和散文家，他年轻时还是蕾丝图案设计师。这句话摘自《死亡与死亡的恐惧》，发表于《梦村：一本写于乡村的散文书》，58页（汉堡：Treation出版社，2012）。

好参加世界级的记忆比赛，但是你已经准备好迎接属于你自己的舞台了。可能真的就是—— 一个舞台。

在我们这个充满幻灯片、提词机、提示卡、闪卡，甚至很好的墨水和纸的时代，我们很容易忘记记忆技术曾经是公众演讲者发表演讲或讲述故事时唯一的工具。当公元前600年左右的古希腊人开始正规教授辩论法——话语艺术和说服艺术时，他们将记忆作为辩论法的五大准则之一或基本原则之一，其他的原则是发明（发现思想）、安排（组织思想）、演说艺术（风格）和发音（讲演）。不用说，今天的发言者仍然在演讲内容、结构、语音语调和舞台表现方面投入了大量的时间和精力。但是，我们觉得记住演讲内容是理所当然的，要么通过演练加深对演讲内容的熟悉度，要么就得足够聪明，能想到，演讲时用幻灯片中的“备注”功能来提醒自己。

不过，你不必成为一个史诗吟诵者[①]，就可以运用你的记忆更好地演讲。你可能以前也这么做过，比如小学老师让你背古诗时，你在学校表演舞台剧时，或你大力推销某个商品时。你以前就这样使用你的记忆，但可能你的方法是错误的。

## 他说？

### 如何记住你最喜欢的名言

在开始本节内容之前，我必须先分享一种文字记忆技巧，它会彻底让你折服。我将之称为“首字母法”。这个技巧惊人地简单，非常适用于记忆简

① 史诗吟诵者：能靠记忆背诵史诗的人（想想希腊《荷马史诗》有多长吧）。

短的文字，如一行引言或一句朗朗上口的祝酒词。当然，它不能让你永远都记得，除非你在此基础上再加上**链接**的步骤。但是，它能让你非常快速地记住复杂的单词序列，这已经是非常好的开始了。一旦记住了，你就可以按照自己的节奏来进行**识别—链接—整合**这三步骤了。

让我们用我最喜欢的一句祝酒词开始（它能给你的朋友们留下深刻的印象，下次你们在酒吧喝酒的时候记得用哦）。

### 我们一起试一试

**示例1——"May we be in heaven half an hour before the devil knows we're dead."（"愿我们在魔鬼知道我们死前半小时就已经在天堂。"）**

让我们先把这句话默念一两遍，然后再大声读一两遍。接下来就是这个方法古怪的地方了……写下这句话中每个单词的第一个字母（包括大写字母、小写字母和任何标点符号）：

M w b i h h a h b t d k w d.

一旦你把它们都写下来，就可以按照这个句子的极简版（如上）把它读出来，边读边把单词补充完整。十有八九，你能把完整的句子读出来。如果有的单词你还不确定的话，那就再看一下原句。用这样的方式把这个句子读一两遍。

现在闭上眼睛，试着背诵一下。你背出来了，是吗？这是不是让你感到既疑惑，又震惊？我们的记忆是怎么做到的？最让我惊讶的是，我们的大脑是如何只凭单词的第一个字母就能记住整个单词的？这说明只要我们的注意力集中，就几乎时时刻刻都在记忆，我们甚至自己都没发现这一点。而问题是，我们是否能把它们从记忆中找回来。第二件令人惊奇的事情是，在看到每个单词的第一个字母之后，你的大脑就能想起整个句子。我确信这与你花时间写下第一个字母有关，当你想从记忆中找到这句话的时候，你会在你的视觉记忆中看到你写下它们的画面。

**示例2——"Here's to those who've seen us at our best and seen us at our worst and can't tell the difference."（“敬那些见过我们最好的样子，也见过我们最糟糕的样子，然后说它们没差别的人。”）**

把它读几遍给自己听，再大声念一遍。然后，把每个单词的首字母记录下来：

Httwsuaobasuaowacttd.

再读几遍。现在把书放下，完全靠记忆说出来。神奇吧？

## 假想听众都是赤裸裸的？

### 如何记住你的演讲稿

如果你有过死记硬背一篇演讲稿（或者只是演讲要点）的经历，那你就很清楚最终这是可以做到的……虽然这个过程有些时候可能要花费几小时甚至几天，但你总能把它背得滚瓜烂熟。等到演讲的时候，你还是很有把握可以搞定它——除非你感到紧张，或者突然觉得累了，又或者一时走神就忘了自己说到哪儿了，然后就全乱套了。你不知道你是不是丢了魂（还是会丢了工作）。

我对你的痛苦感同身受，我也有过记忆错误的经历，这种感觉特别糟糕——尤其是面对观众的时候。在这一点上，更好的记忆力就意味着更少出错。但如果是在重要场合的演讲，你是必须先考虑你是否需要完美的记忆——比如能逐字逐句地背出一篇演讲稿、一段台词或一首诗——还是只需要你的记忆足够好，可以按照正确的顺序记住要点（比如演讲的主要内容和架构），这样一来，你就可以把更多的精力放在语音语调或演讲技巧上了。

## 要点是什么

我们先把逐字逐句背诵的完美记忆放在一边，让我们从“足够好”的记忆开始。换句话说，就是只需要记住主要要点。如果你对演讲的素材很熟悉，而且也已经想好了演讲要点是如何展开、如何架构的，你就不需要用你的潜意识记忆详细地阐述每一个要点——你甚至都可以即兴演讲。真的，你所需要的是把所有的要点罗列出来，并进行排序。[①]嗯，这听起来很熟悉，不是吗?

## 示例——假设你正准备做一个题为《蜜獾不在乎的事情》的重要演

① 你知道吗？“In the first place”（首先）这个短语可以追溯到古代演说家进入他们的记忆旅程的第一个地方，这样他们就可以记住自己演说的第一个主题了。更有趣的是，古希腊单词ptopos［“topic”（主题）起源于它］的意思是“place”（地方）。长知识了吧?

**讲。你有以下四个要点：**

1. 蜜獾不在乎树上的蛇。
2. 它不在乎一屋子的蜜蜂。
3. 它也不在乎被蜜蜂叮。
4. 蛇对它说："离我远点儿！"①

你不想在一屋子观众面前让自己难堪，你想把你的演讲要点按顺序逐一讲清楚，那能记住所有这些蛇和蜜蜂的最好方法是什么？让它们踏上你的旅程！

闭上眼睛（嗯，先读完这些后，再闭上眼睛），想象自己躺在床上，环顾一下你的卧室。在你的床脚有一棵巨大的树，树枝朝各个方向伸展着。其中一根树枝悬在你的头上方，上面挂着一条亮绿色的眼镜蛇，长着一双像激光一样的红眼睛、尖尖的牙齿和分叉的舌头。它正盯着你，但你不在乎。你下床离开了房间。

你来到洗手间门口，往里看了看，注意到水池、马桶、花洒这些东西都不见了——取而代之的是一个带白色百叶窗的红砖房子。窗户开着，蜜蜂从那里飞了出来，到处嗡嗡作响。它们朝你飞来，所以你冲向了客厅。

① 几年前，网上有一段视频——《疯狂的蜜獾》。该视频是真实的自然纪录片，但加上了用户的搞笑评论。蜜獾做各种疯狂的事情时，解说员一直在说，"蜜獾不在乎"。你可以用谷歌搜索一下，你肯定会笑的！

你到了客厅，但你跑不过蜜蜂。它们把你叮得满头是包。如果你能想象的话，有一只蜜蜂驾驶着雪佛兰科尔维特跑车穿过了墙壁。但和蜜獾一样，你不在乎。

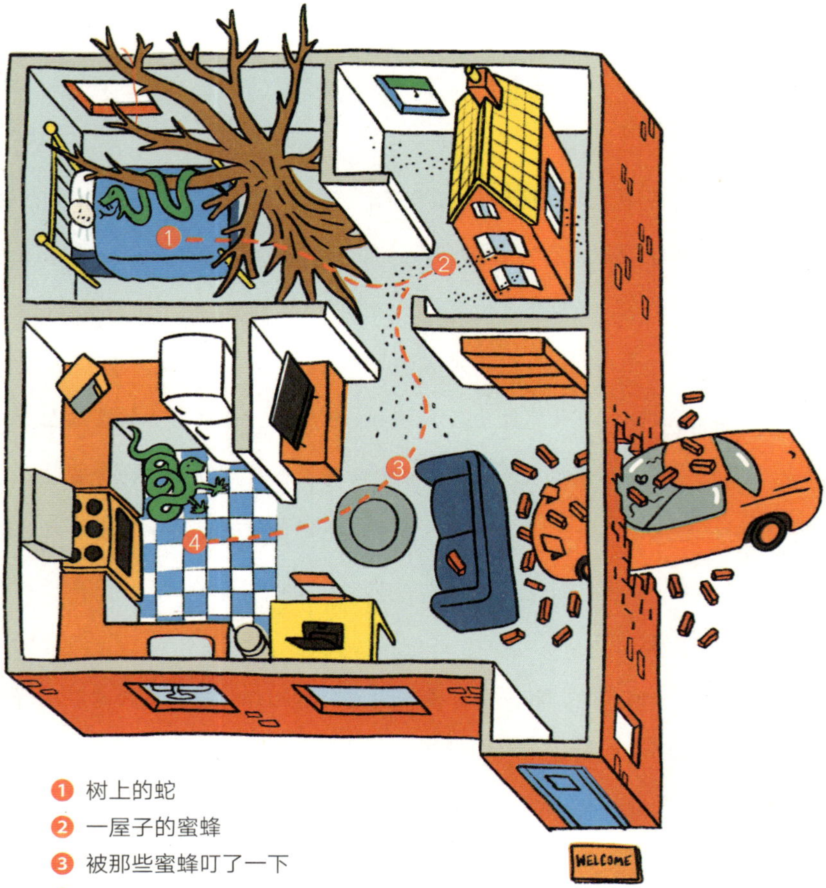


1 树上的蛇
2 一屋子的蜜蜂
3 被那些蜜蜂叮了一下
4 一条蛇说：“离我远点儿！”

你走到厨房，那条蛇又来了。然而这一次，蛇因为恐惧蜷缩在角落里。

它伸出双臂（这是一条疯狂的蛇！），好像要把你推开。它尖叫着：“离我远点儿！”

现在，你怎么可能忘记你的演讲要点呢？

实际上，我不应该这么说。你可能还是会忘记，如果你没有按照**识别—链接—整合**这三步骤：集中注意力把它视觉化，找到地方存储它，加入魔术胶水**整合**！并且相信你的记忆。你可能也会忘记下一个话题是什么，因为你花了很长时间解释为何蜜獾对满屋子的蜜蜂毫不在乎。当你需要开始下一个话题的时候，你可能不得不回到你旅程的起点——从你的床开始，移动到洗手间，把看到红砖屋作为一个标志，然后走进客厅被蜜蜂叮。这样，你就想起来这是你要说的下一个话题了。这和完全忘记它是不一样的，但是这个小小的停顿可能会影响你整个演讲的节奏。

至于使用哪个旅程，如果时间和空间允许的话，你可以使用实际的演讲地点。这会减轻你大脑的负担——你不需要想象这个空间，因为它就在你眼前。你只需要想象你演讲的内容对应的那些图像，被映射在了你周围的家具和设施上，就像在放动画片一样。哇，现在是《谁陷害了兔子罗杰》的场景。

## 生存还是死亡……下一句是？

### 如何记住诗歌

有时候，只记住演讲要点是不够的——你必须准确地记住每个单词。

例如，在记忆竞赛中，我们必须尽可能准确地记住诗歌——包括标点符号、大写字母等等。如果你是一个演员，每次得到一个新的剧本时，你也必须做同样的事情（甚至还包括更多的上下文信息，比如场景设置）。要做到这一点，你需要一个相当长的旅程，即便是相当短的文字，即使你把几个连续的单词拼凑在了一起，每一行文字也至少需要一个锚点。基本的记忆原则不变，但是在逐字记忆时，你会需要用到代码，类似于我们在第五章中讨论密码时谈到的。不同的是，你需要为所有连词（and、or等）、介词（to、in、at等）、代词（he、her等）和冠词（a、the等）找到一些具体而直观的代码，而不只是为键盘上的字符找到代码。你还需要用代码表示标点符号和大写字母（如果你需要把记忆的东西写下来而不只是说出来的话）。不过，你还是可以轻而易举地做到这一点，因为只要你使用的是同一套方法，一致性就不成问题。有时候，对那些简短、抽象的单词进行编码，最简单的方法是用一个押韵的单词，否则就会与文本的其他部分格格不入。例如，用沙子（sand）、手（hand）或乐队（band）的图片来替代单词“and”（你可以在附录中看到我提供的一些例子）。

举个例子，我将详细地分析谢尔·希尔弗斯坦的诗歌《一英寸高》的第一节。和往常一样，你可以选择任何你喜欢的旅程，但为了用一条更具有标志性意义的路线来解说这个例子（同时也为你的旅程选择一些新思路），我们将选择一条在美国各地旅行的路线：从迈阿密出发，到东海岸的华盛顿特区，然后到费城、纽约市和波士顿，向西前往芝加哥、丹佛和旧金山，最后到达洛杉矶。每个地方都有令人难忘的风景：迈阿密的海滩、白宫、自由钟、帝国大厦、波士顿港、西尔斯大厦、落基山脉、隆巴德街和好莱坞标志。让我们开始吧！

**示例：**

**如果你只有一英寸高，你会骑着虫子去上学。**

**哭泣的蚂蚁的眼泪会是你的游泳池。**

**一块蛋糕屑会是一顿盛宴，**

**至少可以让你吃七天，**

**跳蚤会是一只可怕的野兽，**

**如果你只有一英寸高的话。**

在你开始在旅程中存储这首诗之前，试着先进入诗歌所描绘的场景，不是以旁观者的身份想象，而是切身去感受一下。当你读到单词的时候，想象它们在你的脑海中展现出来，就像你能看到它们一样。试着感受诗中字里行间的情感：骑着自己的虫子去上学的自由和骄傲；蚂蚁哭泣时你的幸灾乐祸，因为你可以在它的眼泪里游来游去；吃蛋糕屑的满足感，以及对可怕的跳蚤的恐惧。读过一遍之后，再读一遍，不用记忆。在读第二遍时，要更多地注意诗句的结构、韵律和押韵方式（如果你愿意的话，在读第二遍时可以尝试本节前面提到的首字母记忆法，这样你就可以更好地记忆这首诗了）。然后在读第三遍的时候，可以把代表每个单词的图像储存在你的旅程中。

## 小贴士

关于如何分割这些诗句，没有所谓正确或错误的方法。我个人倾向于把它们一分为二，但情况并不总是如此。如果一句诗很短，我就把整句诗记为一张图像。如果一句诗很长，我甚至会把它分成三四个部分。所以，可以根据实际情况来决定。重要的是要足够灵活，然后做符合实际情况的决定。

在这首诗中，诗句有点长，所以我们要把它们分成两半。我是这么分解它们的：

### "If you were only one inch tall,"（"如果你只有一英寸高，"）

我们在迈阿密海滩（我们的第一个锚点），我们想象这一行诗就发生在这里。这不难，因为它非常具体：想象你自己在海滩上，你只有一英寸高！这只能让你记住这句诗的要点，所以你可以为"if"添加一个图像，这样你就能更好地记住这个词了。当我看到"if"这个词的时候，我想到了电影版本的《基督山伯爵》中的Château d'If（基督山伯爵住过的伊夫堡）。在迈阿密海滩上出现了伊夫堡，而相比之下，你只有一英寸高。想记住"只有"这个词，可以强调你是海滩上唯一的人。需要注意这首诗的视角：它使用的是第二人称。一切都是关于你的，在整首诗中，你都要牢记这一点，而不仅仅是这一行。那逗号呢？在这里，你需要查找一下你的标点符号可视代码表。

例如，我会把逗号和跌倒的动作联系起来，把句号与血腥的暴力联系起来，把分号与拖地板联系起来。因此，为了记住这一行诗末尾的逗号，我会想象一英寸高的、小小的我在伊夫堡旁边摔倒了。

### “you'd ride a worm to school.”（“你会骑着虫子去上学。”）

现在，你在华盛顿特区，骑着一条虫子来到白宫外面。白宫看起来像一所漂亮的学校，黄色的校车停了下来，学生们背着书包往四处跑。那最后的那个句号呢？根据我的代码，我需要一些血腥的暴力，所以也许是当我走进白宫的大门时，一个狙击手把我带走了。

### “The teardrop of a crying ant”（“哭泣的蚂蚁的眼泪”）

这一行诗很容易想象，也很容易记住。想象一下自由钟顶上有一只巨大的蚂蚁，它在歇斯底里地哭泣，一颗巨大的泪珠从钟上滴下来了。相当简单吧？但是，如果你担心会把“crying”（哭）和更强烈的动词如“sobbing”（啜泣）搞混的话，那就添加一些小的图像，但发音听起来像crying的，如crayon（蜡笔），来提醒你自己。

### “would be your swimming pool.”（“会是你的游泳池。”）

我们现在来到了纽约市，想象一下帝国大厦顶部的游泳池里有一只木制蜜蜂。为什么是木制蜜蜂呢？来帮助你记忆would be（木制蜜蜂，wooden bee）。可能这还不够完美，但至少我们以某种形式表示了所有的单词［除了单词“your”（你的），它一遍又一遍地出现，你应该都能推断出它的位置］。另外，这样的画面足够奇怪，也很少见——这意味着它会让人印象深刻。

### "A crumb of cake would be a feast,"（"一块蛋糕屑会是一顿盛宴，"）

有时，你可以把整行诗想象成一个图像。这行诗恰巧又短又简单，所以你可以想象在波士顿港（或任何一个殖民式港口），有一块巨大的蛋糕漂浮在水面上。一块蛋糕屑掉了下来，很快就被同一只木制蜜蜂吃了。如果"feast"（盛宴）这个词让你觉得难以想象，那你可以想象木制蜜蜂吃面包屑的时候握着拳头，像一个摇滚明星一样［fist（拳头）和feast的发音听上去足够接近］。

### "and last you seven days at least,"（"至少可以让你吃七天，"）

现在我们来到了西尔斯大厦，这一行诗比较抽象，因此逐字地联想也会比较困难。让我们把它分成两个部分。

### "And last you"（"和最后你"）

对于像"and"和"or"这样的介词，你可以使用预设的对比图像。对我来说，"and"是一个圆圈，"or"是一个正方形。所以，我可以想象自己在西尔斯大厦门口圆形的平台上。我排在队伍的最后，等待进入大厦。在大厦的一侧，我的母校迈阿密大学（the University of Miami）的徽标被点燃了，而U的发音和you（你）一样。

**“seven days at least,”（“至少七天，”）**

在丹佛的一座山上，想象一下你在唱*Day-O*这首歌时，扔了一个回旋镖（代表数字7），然后你从山上掉了下来（因为逗号的动作是跌倒）。

**“A flea would be a frightening beast,”（“跳蚤会是一只可怕的野兽，”）**

在隆巴德街，“跳蚤”（红辣椒乐队的贝斯手）被那只木制蜜蜂叮了一下。他沿着那条著名的街道奔跑时，一遍又一遍地尖叫着：“一只可怕的野兽！”

**“If you were one inch tall.”（“如果你只有一英寸高的话。”）**

最后，你来到了洛杉矶的好莱坞的标志那里。因为这一行诗和第一行是一样的，除了没有单词“only”。所以，你站在好莱坞的标志下，你可以想象与第一行诗完全一样的场景——只不过你不是唯一的人。别忘了句号会有点血腥。

整个一小节都做完了。现在，不要往回读，试试看你是否记得所有的图像（不需要精确，只需要记得在每个锚点发生的大致情况）。有些人可能很容易就记住了单词，有些人可能会记得少一些，但至少你们都能记得那些图像。别担心，如果有必要的话，你可以再做一遍。在我把文字编码成图像之后，对我很有帮助的做法是写下第一次回顾旅程时所记得的东西。我发现，在这个时候把所有的东西写下来，能增加另一个可视化的维度，会发现很多

## “一英寸高”的第一节

至少可以

让你吃七天

跳蚤会是一只可怕的野兽

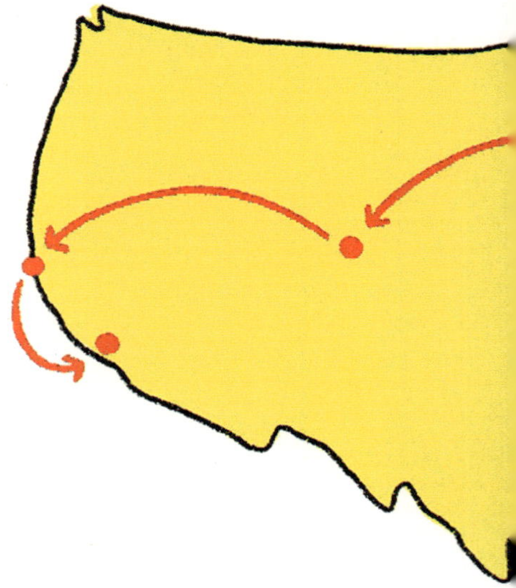

如果你只有一英寸高的话

从这里开始！

如果你只有一英寸高

你会骑着虫子去上学

哭泣的蚂蚁的眼泪

会是你的游泳池

一块蛋糕屑会是一顿盛宴

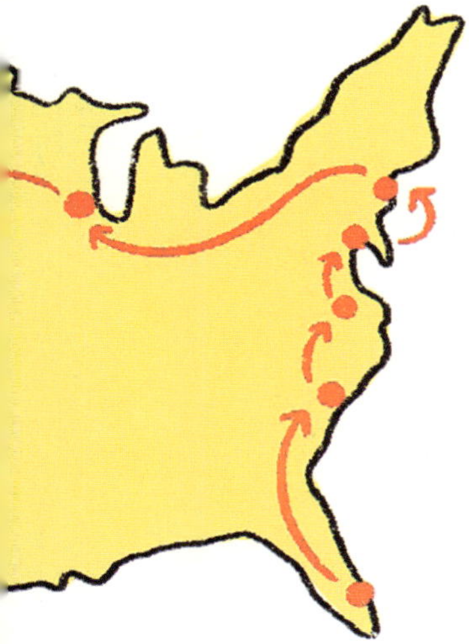

小细节，这些都有助于我加深记忆。当我按照记忆把诗句写下来的时候，我会把这首诗放在手边。当我记不清时，它可以用来提醒我，但我尽量不去看它。一旦我这么写下来一两次，这首诗就深深地铭刻在我的脑海里了。

每个人都是不一样的，所以可以多做一些尝试，看看你更擅长哪一个：记短句还是长句？记关键词还是结合死记硬背一起？

不过，请注意，虽然你记住了一个演讲稿或一首诗歌，但你不一定可以流畅地把它说出来。请记住，这些技术可以快速地将信息输入到你的记忆中，但不一定能使你快速地把它说出来……至少一开始还不能。不过，一旦它留在了你的脑海里，你只要通过回顾你的旅程，就可以随时随地地复习它。[①]如果你想让你的演讲呈现得非常流畅，就必须同时练习辩论法的五大准则，而不仅仅依靠其中的一项——记忆。但这是一件只需要你不断重复的事情，只要你继续大声地说出你的演讲稿或诗歌，最终它们就会变得非常流畅，就像你唱了一千遍的一首歌——即使你又忘词了，因为你大脑里有基本的内容，它就能让你立马又回到正轨。

## 第二节——语言

单词，单词，单词，我们所有说的、写的、听的里面都有它们。我们总是需要学习新单词、新概念和新语言。在上一节中，我们使用了**识别—链**

① 在开车或操作重型机械时，千万不能闭上眼睛回顾你的旅程哦。

**接—整合**三步骤来确保我们记住文本的每一个单词和标点符号，我们可以遵循同样的过程，来增加母语甚至外语的词汇量。

## 字典在哪里？

### 如何记住单词和词义

让我们从学习母语的新单词开始吧。一个人如何去记忆新的单词及其定义？这和记住别人的名字和脸有点像。当我们看到一个新的单词时，要**识别**它的定义（就像一张脸和一个名字），我们就需要想出包含两者的一个图像，然后将它们**链接**在一起。你还记得那个过程，对吧？有了文字和定义，这会容易一些，因为我们不必在脸上寻找一个显著的特征（有时，这可能有点棘手）。

想象一下，学习一个新单词就像解一个方程式。方程式的左边是不认识的单词，而方程式的右边是或短或长的定义。我们对于想出代表方程式左边的图像已经非常熟悉了，我们在本书的开始部分就已经学习了（就是**识别**那个步骤）。右手边的，该轮到我们新学的文字记忆技巧派上用场了。你不需要逐字逐句地记忆，但也许需要记住几个单词，这样才能更好地理解单词的定义。听起来我们只需要达到“足够好”的目标就可以了，对吗？我们的思路是，从定义中取几个关键词，并依此想出一个图像，这样你就能把它与方程式左边的图像联系起来。这样，当你下一次听到这个单词或者听到某个定义的时候，就能基于锚点想起方程式的另一边。它实际上比记住名字和脸的技术更强大，因为它有双重链接的锚。告诉我方程式的左边，我就能想起右边。而给我方程式的右边，我就能想起左边。

### 我们一起试一试

### 示例1——Garderobe=中世纪的厕所，私人厕所[①]

Garderobe让我想起了garter（吊袜带）（你可能会在你未婚妻的腿上发现的性感东西）和robe（长袍）。所以，我会想象一个性感的女人穿着长袍，长袍里只穿着吊袜带。对于方程式的右边——中世纪的厕所，嗯，这本身就很令人难忘，不是吗？我要想象一下中世纪肮脏的旧厕所。现在，我们进行**链接**并**整合**！这很容易就能让人印象深刻：想象一下那个穿着吊袜带和长袍的迷人女人坐在那恶心的马桶上，把它弄得一团糟。这里，你想加多少颜色，我就让你加多少！

### 示例2——Vainglorious=对自己的能力或成就过于骄傲或者表现得过于骄傲

我很喜欢这个词，但让我们先假设你无法猜测它的定义，你可能会想象一个人的额头上有一条粗大的、随着血液流动而跳动着的青筋（vein，类似于vain）。因为它实在是太大了，让这个人觉得很光荣（glorious，辉煌的，荣誉的）！方程式右边的定义有点长，但我准备抓住“表现得过于骄傲”这一点。对我来说，“骄傲”这个词太抽象了，所以我会想象一个更具体的含义：狮子的骄傲。所以，这是我**整合**的图像：这个有着粗大的、跳动着的青

① 这些单词摘录于乔治·R.R.马丁的“冰与火之歌”系列。我是电视剧《权力的游戏》的超级粉丝！当我第一次阅读这个系列的时候，我总是记下那些我从未见过的单词。这几个就是我当时记下的。

筋的人，过于骄傲地向狮子们炫耀着。这些狮子绝对是嗜血动物，随时会一口吃掉那多汁的青筋！

### 示例3——Fratricide=谋杀你兄弟姐妹的罪行

这个词让我想到了在一个大学兄弟会（frat）的聚会上，给很多未成年孩子提供了苹果酒（cider，苹果汁）。方程式右边让我想到了我的兄弟姐妹被谋杀的情景（这不是令人愉快的场景）。当我们**整合**时，我们会想象兄弟会的聚会上用苹果酒欢迎所有的兄弟姐妹。不幸的是，这些苹果酒是有毒的，所有的兄弟姐妹都被谋杀了。这是一个非常黑暗的图像，但，有时你需要这样的东西来让人印象深刻。

这项技术使学习新单词变得非常简单。如果需要背一整本SAT或GRE单词书，你可能背一两次就可以完成了。最关键的是，你不需要逐字逐句地记住这些定义——你只需要用最简单的方法来识别它们（如果真的想逐字逐句地记住这些单词的定义，你就得回想一下我们记忆诗歌的方法——在前几页可以找到——这是完全可以做到的，但会很有挑战性）。

## Qu'est-ce Que C'est?

### 如何记住外语单词和词义

那外语单词呢？在我看来，它们更容易记住，因为方程式左边（外语）对你来说几乎毫无意义。这让你有充分的自由和灵活性去疯狂地想象。因为你对这个词是什么意思或看起来像什么没有固有的概念，所以你可以随意发挥想象（事实上，正是出于这个原因，你必须这样做）。既然法语是我的母语，那我就来教你几个法语中最美丽的单词吧！

### 我们一起试一试

### 示例1——chou=cabbage（卷心菜）

chou［法语发音类似于英语的"shoe"（鞋子）］是一个有趣的单词。在我的成长过程中，我的父母会用它作为称呼对方的一个昵称。我也不觉得称呼对方卷心菜有多么讨人喜欢，但在法语里，这听起来太甜蜜了！因为这个词听起来像"鞋"，但意思是"卷心菜"，如果我们把方程式的两边联系起来，就得到了一个令人难忘的图像，那就是一只鞋在狂踩一棵卷心菜。狂踩，狂踩，狂踩！一点都不甜蜜，是吗？但是，令人难忘！①

### 示例2——baleine=whale（鲸）

这个单词让我感觉是如此优雅、轻盈和毛茸茸的。这是个漂亮的词。而当你了解到它的意思是鲸鱼——庞大的身躯，但超级可爱的外表时，这个词就更加特别了。baleine（发音为“bah-leen”）听起来有点像“balloon”（气球）（当然，有一些差距，但请记住，我们不一定需要一个发音完全一样的单词。它只需要足够相似，可以给我们提供图像就好）。把它与鲸鱼的定义链接起来，我们可以想象一条鲸鱼用体内的空气给一个气球充气。气球越变越大，最后变成了鲸鱼的样子。气球内充满了太多的空气，最后它飘向了空中。很奇怪，但令人难忘。

### 示例3——tournesol=sunflower（向日葵）

tournesol的字面意思是“转向太阳”。你见过向日葵吗？它们真的会随着太阳的移动而转向，非常神奇。tournesol（发音为“tour-nuh-

---

① 如果你想更深情地使用“chou”，可以在它前面加上一个单词“mon”（意思是“我的”）。“mon chou”的字面意思是“我的卷心菜”，但可以理解为“我的爱人”或“亲爱的”。另外，有趣的是，在“chou”的末尾加上“fleur”（花）这个词，就会把卷心菜变成“花椰菜”！啊，法语真美！

suhl”）让我想起了a tournament of soul（灵魂之舞锦标赛）。我可以想象一个类似于《灵魂列车》（美国音乐电视真人秀）的电视节目里，举办了一场灵魂之舞锦标赛。这史诗般的舞蹈大赛的冠军得主是谁呢？当然是向日葵！

### 示例4——pamplemousse=grapefruit（葡萄柚）

这是一个有趣的例子。这个单词的发音为“pump-le-moose”，听起来就像pumping a moose（给驼鹿打气），所以我会想象我（用某种大型轮胎打气泵）把葡萄柚打进驼鹿的身体里。天哪，一个个葡萄柚被打进了驼鹿的身体里。是啊，就这么简单。

### 示例5——vachement=very; truly（非常）

我真的很喜欢这个词。它很傻，但同时又很有表现力。如果你仔细听法国人说话的话，不管你走到哪里，都能听到人们谈话时会用到这个词。

它的字面意思是“像牛一样”或“像一头牛”，但用作形容词来表示强调［例如，vachement bien的意思是“amazingly good”（惊人地好）］。vachement（发音为“vash-mon”）听起来像rash-man（得了皮疹的人）（你得用牙买加口音说：rash-mon）。我知道rash和vash的开头不是同一个字母，但没关系，它们已经足够接近了。这会是一个关于皮疹的快速联想——一个牙买加人得了皮疹。要想把它和方程式的另一边链接起来，我们只需要强调他的皮疹非常严重，这确实是你见过的最严重的皮疹——一个得了非常严重皮疹的人。

有了这个技能，你就可以在很短的时间内掌握大量的外语单词。这样，你就能说很流利的外语吗？绝对不是那么回事。学习一门语言需要花很多时间来使用这门语言，而不仅仅是靠记忆这么简单。

话虽如此，但要掌握一门语言，你确实需要记忆大量的单词——如果能记住你学习的外语中前几千个最常见的单词，你就能占得先机。在法语中，如果学会前两千个最常见的单词，你就能阅读并理解大约80%的书！

虽然那些帮助你记忆单词定义的技巧能让你走得更远，但是当你**整合**更复杂的语言细节时，还需要增加记忆方法的趣味性和创造性。例如，如果你需要记住一个单词是阴性还是阳性（或中性，在某些语言中），你可以简单地把你的图像安排在一个特定的位置（不一定要在特定的路径，一般的区域就可以）。例如，也许所有的阴性食物（草莓、覆盆子）都放在你小时候去过的农场的谷仓里，也许所有的阳性食物（卷心菜、葡萄柚）都放在谷仓外面。或者你用两间房子来存放学到的法语单词——一个房子放阴性词语，另一个放阳性词语。你也可以把与厨具相关的所有单词都放在两个房子的厨房里，只是其中一个放阴性词，另一个放阳性词。

## 第三节——大杂烩

如果我要涵盖为人所知的每一种记忆策略的话，可能我需要写一整套书，但无论如何，总会到需要落笔结束的时候。我们已经讨论了很多记忆方法，在我们进入最后一章之前，我会给你一些大脑健康方面的建议。我会快速举几个例子，告诉你如何利用到目前为止学到的知识来记住有用的东西。

### 巴黎，呃……还是西班牙？

#### 如何记住国家和首都

记住各个国家及其首都与学习一个词及其定义没有什么不同……嗯，而且这会更加简单，因为“定义”部分只是另一个单词——首都——而不是整个句子。如果你愿意的话，你真的可以在很短的时间内记住全球所有国家的首都。

### 示例1——Afghanistan-Kabul（阿富汗—喀布尔）

一只阿富汗狗（Afghan dog，你知道的，那种高高的、尖鼻子的长毛狗）引起了大爆炸（Kaboom，2010年的影片《大爆炸》），它变成了一头公牛（bull，Kaboom-bull=Kabul）。

### 示例2——Montenegro-Podgorica（黑山—波德戈里察）

一座山（a mountain）从一个豆荚（pod）中长了出来（growing），豆荚的内脏和血（gore）都溢出来了（pod-gore=Podgorica）。

### 示例3——Estonia-Tallinn（爱沙尼亚—塔林）

想象一块石头（a stone=Estonia，爱沙尼亚）被扔向一个非常高的巨人（tall =Tallinn，塔林）。

### 示例4——Iceland-Reykjavik（冰岛—雷克雅未克）

想象一下，冰块（ice cubes=Iceland，冰岛）在一个耙子（rake）上融化了，耙子上都是维克（Vic）止咳药片（rake-vic=Reykjavik）。

### 示例5——Honduras-Tegucigalpa（洪都拉斯—特古西加尔巴）

一个不会讲英语的外国优步司机开着一辆本田（Honda=Honduras，洪都拉斯）思域车，他问要不要带你去看海藻鱼（take-you-see-kelp =Tegucigalpa）。

## 黑斯廷斯战役发生在什么时候？

### 如何记住历史日期

为了记住历史日期，我们基本上需要记住一个定义（还记得方程式左右两边吗），只是方程式左边是一个数字（年份或者年份加日期）。因为我们已经学习了数字记忆的技巧和方法，所以任何与数字相关的记忆都难不倒我们。

### 示例1——1066年：黑斯廷斯战役

黑斯廷斯战役是诺曼军队征服英国的重要战役，是每个英国学生在中学需要记住的重要日子之一。我们可以使用少校系统为1066提供一个图像。吃—法官（10-66），如何？非常快速地吃法官，或者更确切地说，狼吞虎咽地吃！啊呜，啊呜，啊呜！如果你想增加更多的信息，比如诺曼军队是由征服者威廉·沙特纳领导的，那为何不想象威廉·沙特纳在战场上战胜了一位法官，然后把他吃掉了！征服者威廉·沙特纳—吃—法官。让我们更进一步，加上完整的日期：10月14日。我们在第五章中学到了一些增加日期的方法，但让我们用一种颜色来代表10月［我觉得可以用橙色，因为有南瓜（10月有万圣节）］。而数字14，使用少校系统的话，可以是眼泪——橙色的眼泪。把它和我们已有的图像整合在一起——那个法官在被吃掉的时候，流着橙色的眼泪。

威廉·沙特纳吃掉法官
法官流着橙色的眼泪
1066年10月14日
黑斯廷斯战役
征服者威廉

### 示例2——1860年11月6日：亚伯拉罕·林肯当选美国总统

1860年可以被编码为tough-shoes（结实的鞋子）——18-60。想象一下，当林肯总统赢得大选，走上舞台正准备发表胜利演说时，突然被一双非常结实的鞋子砸到了。为了增加11月6日这一信息，我将使用11月的颜色（可以是棕色的，因为它是秋天的颜色），然后用一个高尔夫球杆来代表6（数字—形状系统，第143页）。林肯总统正准备做竞选获胜演讲的时候，我用棕色的高尔夫球杆把一双结实的鞋子打到了他身上。干得漂亮！

还有一个帮助你**识别**四位数年份的方法——选择一个真实或虚构的地点来代表各个世纪。11世纪可以是中世纪的城堡，18世纪可以是狂野西部的一家酒馆，19世纪可以是埃菲尔铁塔。不管每个世纪能让你想到什么，你都要选择一个相应的地点。然后，当你需要记住一个日期时，只要把所有的图像都放在同一个地点就可以了。要确保你选择的地点比较空旷和开阔，这样你就有足够的空间来存放新的内容了。让我们尝试几个快速练习，用编造的日期和事件来试试下面这个办法。

**示例3：**

**1845年：外星人在地球上跳舞**

**1906年：女王被斩首**

**2011年：飞行汽车被发明**

我的19世纪是一个酒馆，20世纪是埃菲尔铁塔，而21世纪是外太空（因为它听起来有点未来主义）。在这个例子中，我将用我的PAO系统来记忆两位数的年份。

## 小贴士

如果在同一个世纪有多个日期，那么在同一个地点存放它们也不会有问题。还记得吗？我强调过，你选择的地点应该是空旷和开阔的，这样就可以有足够的空间了。

### 1845年

想象在一个酒吧，艾灵顿公爵（45=D. E.）和一群外星人在一个地球仪上跳舞。

### 1906年

想象史蒂夫·乔布斯（06=O. S... MAC OS X）在埃菲尔铁塔顶上把女王斩首了。

### 2011年

想象安德烈·阿加西（11=A. A.）在外太空开着汽车飞行。

# 你出生的那天是周几？

## 如何记住日历

如果想记住某一年的某一天是周几的话，就需要一个被称为“世界末日计算”的小工具。实际上，这和记忆力一点关系也没有，你只需要记住以下清单。

| | |
|---|---|
| 2016 | 0 |
| 2017 | 1 |
| 2018 | 2 |
| 2019 | 3 |
| 2020 | 5 |

对于月，请记住下面这个列表（已经包含了帮助记忆的提示）：

| | | |
|---|---|---|
| 1月 | 5 | 想象一下冬天五英寸的积雪。 |
| 2月 | 1 | 日子最少的一个月。 |
| 3月 | 1 | 一个人行军。 |
| 4月 | 4 | April有一个“R”，four也有。 |
| 5月 | 6 | 如果幸运的话，你会有“艳遇”（sex=six）。 |
| 6月 | 2 | 6月太热了（too hot=2 hot）。 |
| 7月 | 4 | 7月4日，独立日！ |
| 8月 | 0 | 想象一股狂风吹过椭圆形的洞。 |
| 9月 | 3 | 开学了，3岁的孩子要去幼儿园了。 |
| 10月 | 5 | 想想万圣节的五个恐怖鬼。 |
| 11月 | 1 | 寒冷冬季的第一个月。 |
| 12月 | 3 | 圣诞节的三个国王（圣诞是耶稣诞生日，耶稣诞生后，有三位东方国王来探望他）。 |

最后，对应一周七天的简单列表：

| | |
|---|---|
| 周日 | 0或者7 |
| 周一 | 1 |
| 周二 | 2 |
| 周三 | 3 |
| 周四 | 4 |
| 周五 | 5 |
| 周六 | 6 |

现在，你得在这里做一点点数学。（我知道，我知道！这是一本记忆书，不是一本数学书！只是一点点数学，可以吗？会有非常棒的回报哦！）我们每做一次加法，每当结果超过7，7的部分就归零（在我们这个奇特的数学世界里，7是0的同义词）。举个例子，假设我有数字2，加上2，那就是4。但假设我有4+4，这通常等于8，但8比7多1，7的部分归零，所以答案是1。如果我们从一个更大的数字开始，比如28，那就先除以7，然后保留余数——这就是我们在这里所要做的。所以，如果我们有28+4。我认为28是一个非常大的数字了。（我们不喜欢用大数做数学，对吗？）把28除以7，并保留余数：0。那就是0+4，等于4。

日历上的日期的计算方法如下：

* 取年份的数字代码
* 取月份的数字代码
* 取日期的数字
* 将它们加在一起（确保总是除以7并保留余数）

* 将你的答案（0 ~ 6的数字）转换为一周中的一天：周日到周六。

### 示例1——2017年2月4日

* 2017的数字代码是1
* 2月的数字代码是1
* 4日是数字4
* 所以是1+1+4=6
* 6是周六。所以2017年2月4日是周六

### 示例2——2019年12月25日

* 2019的数字代码是3
* 12月的数字代码是3
* 25日就是数字25，除以7，余数是4
* 所以是3+3+4=10。再一次，10除以7，取余数，即3。所以2019年的圣诞节是周三

是不是很棒？在接下来的几年里，你将永远不需要查看日历，就能知道某一天是周几了。

那如何才能记得任何一年的任何一天是周几呢？有一种方法可以做到这一点，但它需要更多的记忆，做更多的数学题。请登录我的网站：www.nelsondellis.com/memorize-the-calendar，查找并学习。

**小贴士**

你必须记住的一个小细节是闰年（一个日历年多出一天的年份）。2020 年就是闰年。对于这样的情况，遇到 2 月或 3 月时，你需要将其数字代码减去 1，这样就可以了。

## 红桃A，方块K……

### 如何记住一副牌

当你第一次拿起这本书的时候，我敢打赌你一定很想绕开所有那些实用的记忆技巧，而在书的最后找到一些有趣但几乎没用的记忆窍门。我决定把最好的留到最后：是时候学习如何记住一副牌了！

不过，它没有你想象的那样没用。它可能不能让你在会议或考试中更轻松——而且它在赌桌上也没多大用处，除非你能找到一家赌场，在那里仅仅靠你记得发出的牌，你就能赢钱——记住一副牌是练习、测试和提高记忆能力最好的办法之一。此外，一旦你掌握了它的诀窍，并且你记忆的速度足够快，不至于让你的观众等到无聊的话，那它会是值得你在聚会时拿出来炫耀的一项本领，保证大家对你刮目相看。随着你的进步，你会发现不仅你对记忆更有信心了，也能在生活的其他领域更好地应对干扰。而且，你很容易就能开始这项训练，你需要的只是一副牌。当然，还有你的脑袋。

我从来没说过记住一副牌会很容易。有些人觉得应该不难，因为记忆的关键是视觉化，而扑克牌本身就是具有不同类型标记的视觉对象。不幸的是，所有这些标记实际上含有多重抽象信息，很难相互区分——尤其是当你盯着52张牌（去掉大小王）看时。试着从五张牌开始，不使用任何记忆技巧，看看你是否都能记住（按顺序）。

花大约20秒时间盯着那些扑克牌，然后做些其他事情让你暂时忘掉它们。可以查看你的电子邮件，或者做一个关于小猫驾驶“一战”时期的双翼飞机，戴着皮头盔和护目镜的白日梦。想尽一切办法把这些扑克牌从你的工作记忆中拿走，来看看你是不是已经都记住了。

好吧，欢迎回来。先别看扑克牌！你还记得它们吗？现在，你可以看一下你是否都记对了。你记得如何？你认为你可以把这个挑战的难度乘以10倍（确切地说是10.4倍）吗？我知道你可以的，但和往常一样，你需要一个系统。去拿一副扑克牌，现在试试吧。

## 又一次用到PAO系统

你最喜欢的数字分块法又杀回来了……而且，这次与你创建两位数系统时的情况大致相同。事实上，你甚至可以从你的数字系统中借用一些人物，因为四种扑克牌的首字母——H、C、D和S（红心Heart、梅花Club、方块Diamond和黑桃Spade）——也是PAO系统中的字母。例如：如果数字68的人物是Stephen Hawking（S. H.，史蒂芬·霍金），你也可以用他做红桃6（H=8）；如果数字93的人物是Nicolas Cage（N. C.，尼古拉斯·凯奇），他也可以是梅花9（C=3）。还有其他方法可以将人物分配给带号码的扑克牌（从A到10），但我们现在先跳过这一步，首先关注所有的人头牌（扑克牌中的J、Q和K）。

你的扑克牌准备好了吗？我需要你先找出12张牌——只有国王、王后和杰克。在你使用任何系统之前，我希望你先查看每一张牌，想一下每张牌能不能让你快速联想到谁。可能不是每张牌都可以想到，不过这没关系。我也只想到了少数：梅花之王是老虎伍兹（因为他是挥舞高尔夫球杆的国王，golf club=高尔夫球杆）；红心之王和王后是我的爸爸妈妈，我全心全意地爱着他们。你可以从这些开始，因为你对它们的代码已经非常熟悉了。也就是说，你不需要抬头看着天花板开始想："好吧，国王是K，红心是H，那就是KH，那名字首字母为KH的人是……"有了这些即时联想，你可以一看到牌就能想到相关的人物。

一旦你完成了所有的即时联想（当然，这不需要很长时间），你就需要考虑哪些人物可以代表剩余的扑克牌。如果你愿意的话，也可以使用PAO系统——不过你可能想不到太多名字以字母Q开始的人物，所以你最好使用字母M或R开始的人物来代表王后。每一种花色都应该有自己的类别，这样可以方便你更好地联想。国王和王后是这一类别中最重要的男女人物，杰克是一个年轻或次要的人物。这里举个例子：

**红心=家人**

红心国王=你父亲

红心王后=你妈妈

红心杰克=兄弟姐妹或表兄弟

**梅花=运动员**

梅花国王=老虎伍兹

梅花王后=塞雷娜·威廉姆斯

梅花杰克=迈克尔·乔丹（J将帮助你记住乔丹）

**方块=有钱人**

方块国王=唐纳德·特朗普

方块王后=女王伊丽莎白二世

方块杰克=马克·扎克伯格

**黑桃=歌手**

黑桃国王=猫王

黑桃王后=碧昂丝

黑桃杰克=吉米·亨德里克斯

你的分类不一定要和我的一样，它们可以是你熟悉的任何人物，按照不同的动作和对象加以区分即可。也许你对运动不太了解，无法想到很多运动员，那也许希腊神话更适合你。因此，挑选一套花色（可能是黑桃，因为黑桃有点像一座山，即奥林匹斯山），让宙斯成为国王，赫拉成为王后，阿波罗成为杰克。一旦你完成了人头牌的人物分配，你将给它们安排动作和对象。我们在第五章中已经很清楚这个过程了，所以如果你需要复习的话，可以重读那个部分。

现在，我想让你将这12张牌逐个看一遍，并想象它们对应的人物真的对着那些对象做着那些动作。在试着记住它们之前，你要确保自己真的了解它们。等你在头脑中完成上述想象后，选择一个小的旅程开始练习——你只需要四个锚点，因为你会把三张扑克牌存储在一个图像里：包含人—行动—对象。洗牌后，把前三张牌放在你面前，然后想象第一张牌的人在第一锚点上用第三张牌的对象执行第二张牌的动作，以此类推。

下面是一组随机排列的12张人头牌，以及我看到它们时会想到的画面（我会将旅程设置在我朋友的公寓里，并使用我的PAO系统）。

示例：

QS-JS-KH-KD-JD-JC-KS-QC-QH-JH-QD-KC

1. QS-JS-KH（詹妮弗·康纳利—走太空步—在一张纸上）我会想象这奇怪的场景发生在床上。当詹妮弗试图在一张纸上表演太空步时，她把床单弄得乱七八糟的。

2. KD-JD-JC（詹姆斯·邦德—挤压—三明治）这发生在床头柜边。一个迷你版的詹姆斯·邦德手里拿着一个超大的三明治，他用力地挤压三明治，三明治都溅到了床头柜和他的脸上。

3. KS-QC-QH（拉比—跳舞—煎锅）床头柜旁边有一面全身镜。我会想象一个拉比看着镜子里的自己，一边跳着沉重的萨尔萨舞，一边紧紧地抓着一个煎锅靠在他胸口，就像煎锅是他的舞伴一样。

## 记忆名片

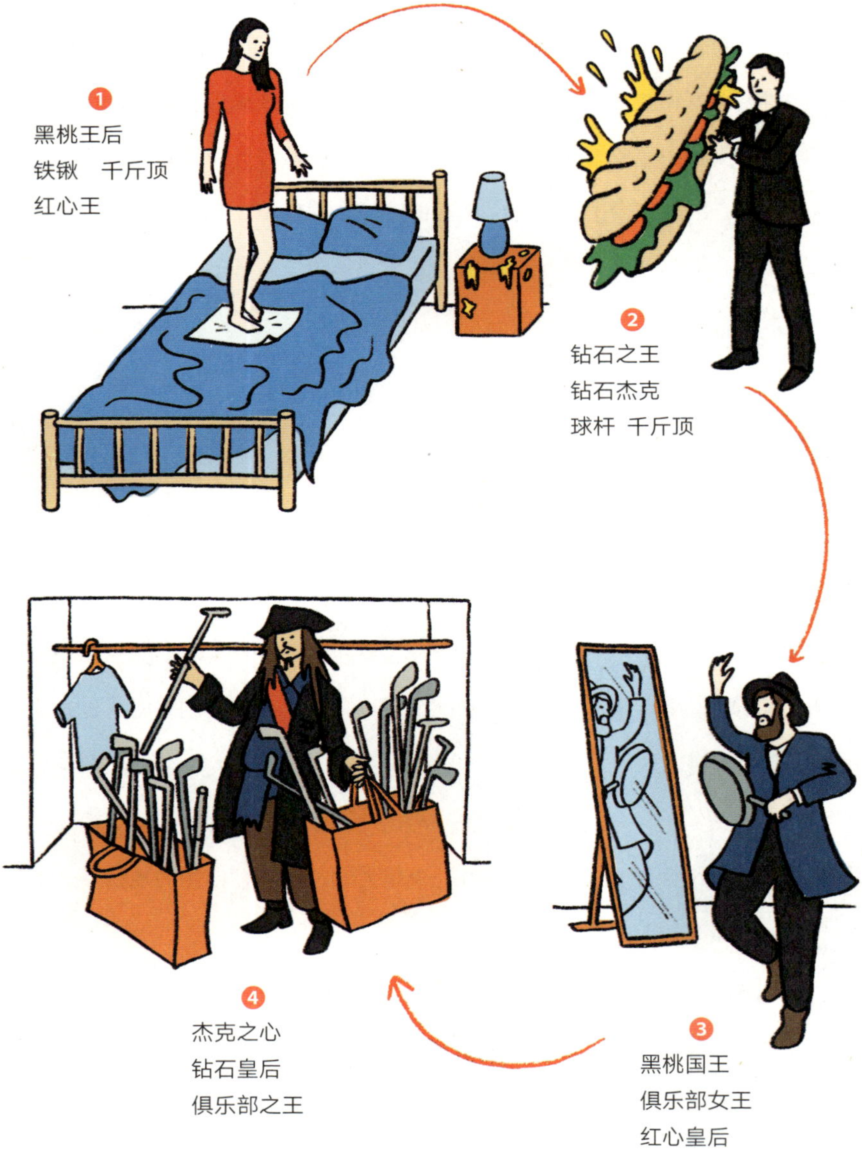
1
黑桃王后
铁锹　千斤顶
红心王
2
钻石之王
钻石杰克
球杆　千斤顶
3
黑桃国王
俱乐部女王
红心皇后
4
杰克之心
钻石皇后
俱乐部之王

4. JH-QD-KC（杰克·斯派洛—购物—为高尔夫球俱乐部）这回发生在衣橱里。我们看到杰克·斯派洛在衣橱里蹦蹦跳跳，手里拿着布鲁明戴尔百货店的大购物袋，他把各种各样的高尔夫球杆塞进里面。（它们塞不进去，但管他呢！）

就是这样！你的图像可能和我的不太一样，但现在你知道了，当我记住一副扑克牌的时候，我会经历怎样的过程。[①]

一旦对人头卡的图像感到满意，你就可以**整合**剩下的牌了。如果你喜欢你的数字系统，可以将适当的首字母人物对应相应的扑克牌（A代表1s，10s代表0s），这可能是你建立扑克牌系统最快的方法了。如果你需要一些额外的帮助，可以参考我的PAO扑克牌系统（见附录）。

当你练习的时候，如果有特定的扑克牌你觉得很难记，可以用同一花色中的其他人物来替换。对我来说，红心4的人物大卫·哈塞尔霍夫很难记，所以我需要再想一个以字母D开头，并符合所爱的人这个类别（所爱的人=红心）。最后，我想到了我的狗（D代表dog，狗。数字4也对应了狗的四条腿），这对我来说更容易记住。

在对数字扑克牌逐一进行可视化练习后，可以和记忆人头牌时一样，试着把一副牌分成两半，然后通过一个9个锚点的旅程来存储这些扑克牌（因为9乘3是27，但你只有26张扑克牌，最后一个图像将只有人物和动作，而没有对象）。无论你需要多少时间才能完成，都用计时器来记录你的用时。如

① 经过数年的练习，我能在大约30秒内记住一整副牌。在这样的速度下，和人头牌相关的图像会在10秒钟内在我的大脑中一闪而过。

果你花了半小时，那没问题，只要记下时间，你以后就可以试着打破这个纪录了。你一开始做得越慢，这个纪录就越容易被打破！

试着在一次尝试中就把所有的图像都存储好——不要偷看上一张牌或者从头开始再看一遍牌——然后在第二遍时，看你是否能记住每一张牌。在你把第一张扑克牌翻过来之前，先试着回想一下，把第一张牌和第一个锚点的图像联系起来，问问自己第二张和第三张牌是什么。如果你被卡在任何一个地方，你知道下一张牌是一个人物或动作，但不知道该把它放在哪里，那就把下一张牌翻过来，看看能否想起来后面一张牌的行动或对象。等到能做到在每翻开一张牌之前都能准确地说出牌的内容，你就可以试着先记下整套牌，然后通过回忆把每张牌的内容都写下来，再检查是否有误。分别记录你记忆和回忆整套牌所需的时间，这样你就能看到自己一天天的进步。

刚开始时，最大的困难之一是忍住不去看之前已经看过的牌。当你在记忆的时候，内心会有一种挣扎，你的头脑会说："我需要再看一下以前的牌——我没有记住它们！"但你记住了——不用再看一遍！相信自己的记忆。我保证你通过抵制这种诱惑可以获得更大的收益。

# 07

## 让你成为记忆高手的最后绝招

一切健康的根源在于大脑。

它的树干是情感，枝叶是身体。

当所有部分共同合作时，健康之花就会绽放。

——库尔德人谚语

到目前为止，我介绍的内容已经涵盖了每一件可以用于提高你记忆力的事情。我已经向你展示了如何使用我的某种方法或是轻松地找到属于你自己的方法，记住几乎任何类型的信息。我提供了大量的例子和一些指导，来帮助你掌握所有的记忆技术，而且你可能已经注意到了，它们并不是非常难的技术。希望你能感觉到你已经唤醒了记忆的力量，它其实一直存在于你的体内，只是在你拿起这本书之前它处于休眠状态。不过，除了那些帮助你记住日常生活中所有事情的技巧和策略之外，还有其他一些小窍门，我们把它们称为“看不见也摸不着的技巧”，但如果将它们纳入你的日常生活，不仅能让你拥有更好的记忆，还能让你拥有一个更健康的大脑。你还记得我开始提高我的记忆力时，我不仅仅是为了记住一副牌，好让朋友们留下深刻的印象，也不是为了能记住我遇到的每个人的名字，而是为了我活着的时候，可以保持头脑的强壮和健康。这样，我祖母的事情就永远不会发生在我身上了。

找到你的个人记忆教练——纳尔逊·德里斯。（嘿，就是我！）直到现在为止，如果还是在问：“我该怎么记住这个？”“我该怎么记住那个？”而不是：“我已经知道怎么记住这个和那个了，那我该如何提高我的记忆力呢？”“除了靠脑子记忆以外，我还能做什么来提高我的记忆力？”很显然，当你学完整本书的记忆技巧后，你应该做的第一件事就是在你的生活中将它们付诸实践。如果你将要去见很多人，请使用我们在第三章中讨论的技术；如果你需要记住电子邮件账户的登录密码，请参考我们在第五章中的策略；如果你的时间紧迫，第二天早上就要发表演讲，或者你在准备SATs考试，需要增强记忆力，那么就使用你在第六章中学到的技巧。我希望你注意到，我试图让这本书中的所有例子都接近现实生活中你会遇到的情况，这样所有的记忆技巧都会非常实用。考虑到这一点，你会发现你很容易就能运用目前所学到的所有知识来提高你的日常生活水平。

尽管如此，我还是在最后一章提供了最后的一些建议，以确保你的记忆力能保持最好的状态，并且你的大脑能保持健康。（此外，对于那些有兴趣将他们的记忆训练提高到更高水平的人，以及那些不满足于仅仅使用日常情况来练习的人，我在附录中提供了一些日常训练的方法和一些帮助训练的工具。）

把你到目前为止在本书中学到的一切都用于提高你的生活水平，这样做是很好的，但是你如何保持大脑的强壮和健康呢？我现在还能做什么来帮助几十年后的大脑呢？这是我第一次尝试提高记忆力时遇到的主要问题。我不想像我的祖母一样，在我老的时候患阿尔茨海默病，所以如果我能让我的大脑保持健康，我可能就能延长它的使用期限。[①]

① 研究仍然没有定论，尽管有一些研究表明这可能是真的，特别是这项研究：Jerry D. Edwards等人，“训练的速度会降低患痴呆症的风险”。《老年痴呆症和痴呆：翻译研究和临床干预3》，第4期（2017年）。

经过多年的记忆研究和训练，我已经总结出了大脑健康的四大支柱，并且试着在日常生活中践行。我建议你也试一试，这些都是我个人认为可以提高认知敏锐度和大脑寿命的关键：

**节食**
适当地喂养你的大脑

**体育锻炼**
保持活力和健康

**社交**
保证自己参与社交活动

**脑力训练**
定期训练和挑战你的大脑和记忆

我知道你在想什么。“节食？锻炼？你是认真的吗，纳尔逊？我买这本书只是为了提高记忆力，而不是为了锻炼身体！”别担心，我不会要求你不再吃比萨，或者每天做高强度的体育锻炼。我提出的只是一些建议——一些简单的事情，你可以将其融入你的生活方式。它们背后都有可靠的科学依据，而且我也能证明（通过仔细分析我的记忆训练成绩和数据），即使是少量的改变也能在结果上产生巨大的不同。所以，你愿意试试吗？你已经有了所有的工具，现在你只需要正确的油、燃料、螺母和螺栓，来将你的大脑组装完成。

## 我思故我在，那我吃的……

### 通过吃得对来提高记忆力①

一条普遍的经验法则：任何对你身体有好处的，对你的大脑也有好处。的确可以吃一些有助于提高记忆力的东西，同时也要避免吃一些可能会影响记忆力的东西。

迄今为止，最有说服力的证据是《用二十二碳六烯酸进行记忆改善研究》[1]，也被称为“MIDAS研究”。在这项研究中，年龄在55岁以上、记忆力轻微受损的受试者每天一次服用补充性二十二碳六烯酸（简称“DHA”）。这是一种Omega-3脂肪酸，是大脑的重要组成成分，经常从鱼油中提取出来作为营养补充剂。研究表明，服用6个月以上后，能使受试者的认知功能（包括记忆和学习）得到显著改善。受试者每日服用900毫克藻类DHA，以胶囊的形式服用。这也是我推荐的用量，并且我已经服用多年了，主要是因为有这个研究，也是因为我注意到了我服用DHA与不服用之间的差别。大多数人都很熟悉服用鱼油，嘿，你可能已经在服用鱼油了，但是要检查一下你是否服用了大约900毫克的DHA。EPA和ALA是营养补充剂中常见的另

① 我绝对不是营养师、神经学家或医生，我在这里提出的任何建议纯粹是基于我的个人经历。

外两种脂肪酸，这些脂肪酸最终都会转化为DHA，但需要大量脂肪酸才能转化为少量的DHA。所以简单地说，需要确保你补充了优质的、足量的DHA Omega-3。

其他研究表明，浆果或其他抗氧化剂含量高的食物（山核桃、朝鲜蓟和菜豆等）可以帮助对抗大脑对氧化损伤的高度易感性。[2]

虽然某些特定的食物被证实有益于头脑健康，但只要能够说到做到，尽量吃好的东西，避免吃不好的东西——做到健康饮食——就能大大提高大脑的清晰度。

**小贴士**

我经常被问到："我应该多吃点鱼吗？"你可以向你的医生或营养师咨询，但我的答案是否定的。有证据表明，鱼类摄入过多会导致健康问题，所以请坚持服用补充剂，这样你能获取更多的DHA。如果你想避免吃鱼油导致的反胃，可以试着吃藻类DHA（也就是海藻DHA胶囊）。含有DHA的是藻类，而不是鱼。鱼吃藻类，这就是为什么鱼油也含有DHA。明白了吧？

我喜欢吃甜食，也喜欢吃高热量的碳水化合物，比如面包和意大利面，但我尽可能地控制它们的摄入量，并且经常性长期坚持不含这类食物的饮食法。（一些我最喜欢的饮食法——生酮饮食法、古式饮食法和全30饮食法[3]——基本上都是阿特金斯饮食的改良版本，主要是只吃天然食品，这意味着不含乳制品、加工食品、糖或酒精，以及碳水化合物。）坚持严格的饮食是很困难的，我知道，但不可否认的是，随之而来的好处是，从注意力的提高到精神敏锐度的提高，当然还有更好的记忆力。事实上，最近的研究已经表明，生酮饮食（低碳水化合物和高脂肪的饮食）可以有效地减少炎症、锐化认知、消除常见的脑雾。[4]哦，至于那些你可能听说对大脑有益的银杏补充剂呢？它们不仅无效，最近的毒理学研究还表明银杏叶导致了实验室的老鼠患上癌症。[5]**如果你想在没有训练和技术作为辅助的情况下快速改善记忆力，那么你可以选择改变你的饮食**——你会震惊于如此简单的改变所带来的结果。

## 我累了，什么都记不起来了！

### 通过睡得好来提高记忆力

饮食对你的大脑很重要，但对你的大脑来说最重要的是睡眠。**睡个好觉有助于你在第二天更好地形成记忆，也能帮助你记住前一天所学的内容。**熬夜可能会使你的记忆力下降40%。[6]失眠似乎也使我们的记忆更容易受到干扰，[7]这意味着更多的记忆混淆和对记忆更少的信心。我的目标一直是在一周内尽可能多的日子里每天至少有七小时的睡眠。当然，会有很多意外情况：我和朋友们玩得很晚，或者我在长途旅行，又或者我工作得太晚（这就是生活）。但是，这一切都是关于如何平衡的。试着在白天找个时间打个盹儿来弥补之前的睡眠不足。或者，用早睡早起来代替在Netflix网（世界最大的收费视频网站）整晚追剧。你的身体和头脑不仅在短期，也会在长期收获很多益处。

# 没有痛苦就没有收获

## 通过锻炼和保持活力来提高记忆力

很多关于运动和记忆的结论性研究都证实了，运动有益于你的大脑。**有氧运动已经被证明可以增加海马体的大小，**而海马体是大脑主要的记忆区域之一。[8] 它还能改善空间记忆[9] 和认知功能。[10] 一些关于老鼠的研究表明，怀孕期间运动可以改善后代的记忆，影响甚至可以持续至孩子的成年时期。[11] 当你运动的时候，通常会自我感觉良好。你会觉得自己很健康，看起来容光焕发，大脑的血液流动得到改善（因为大脑是有很多血管的器官），整个身体都运行得更好了。当你感觉充满活力时，你的敏锐度和状态都会更好。老实说，我的那些效果最好的记忆训练都发生在畅快的锻炼之后。除了健康方面的好处外，锻炼还能让我头脑清醒。不管我是去慢跑，还是尽我最大的努力完成一次CrossFit锻炼，这样的运动时间（15分钟、30分钟、1小时，不管多长时间！）都让我有机会反思我心中的一切。这是让我的头脑彻底摆脱那些已经蹂躏了我一天的压力和烦恼的时刻。当我锻炼回来，坐下来开始工作时，我发现我更容易集中精力，不受干扰地处理手头的任务了。它就像一个全自动的干扰消除系统。所以，运动起来吧！没有必要一定要加大你的运动强度（当然，如果你可以的话，对你身体也没有坏处），保持定期运动就能产生很好的效果。①

---

① 如果你想进一步锻炼身体，为什么不把它和一些头脑锻炼结合起来呢？在体能锻炼的同时，试着记住一张清单，或者回忆你最近学到的东西。

## 和琼斯家一起玩

### 通过社交活动提高记忆力

这是一个可悲的事实——孤独感会导致更高的血压和压力[12]——不难想象其中的原因。哈佛大学的流行病学家丽莎·伯克曼在一项研究中调查了7000人的社会融合水平，发现那些指标上得分较低的人在7年内死亡的可能性是平均水平的2～2.5倍。

社交活动不仅能提高生活质量，还有很多其他益处：人们发现，拥有较大社交网络的老年女性和社交较少的同龄人相比，更不容易患阿尔茨海默病。[13]在更基本的层面上，社交活动需要了解不同人的各类信息，并且记住这些信息，以便更好地与其他人进行互动。这意味着要去了解他们的生活故事和兴趣爱好的细节，或者简单地说，如何在不惹恼他们的情况下完成一次谈话，这就能拓宽你头脑里的参照系统，这样你就有了更多的联想来帮助你记忆。当然，至少认识新的朋友是一个很好的练习你新学的名字的机会——面孔记忆技巧。

## 登上大脑列车

### 通过使用大脑来提高记忆力

**饮食、睡眠、锻炼和社交活动能最大限度地提高你的记忆力，最重要的一点是让你的大脑保持活跃。**这意味着什么？简单地说，这意味着定期挑战

> 在脑力训练上，我今天能做别人不愿意做的事，
>
> 明天就可以做别人不能做的事。
>
> ——知道他自己在说什么的人

你的大脑——这是关键。可以是学习一种新的语言、阅读有难度的材料、学习一种新的技能、拼拼图，或者（当然，我个人最喜欢的）进行记忆练习。即使在珠穆朗玛峰的死亡地带①和乞力马扎罗山顶上，在身体极度疲惫和完全失去社交活动的情况下，我仍然可以利用记忆技术来记住一副牌。（这是真实的故事！）换句话说，依靠纯粹的技术力量，我仍然能够提高我的记忆力。这其中的一部分原因可以归结为我之前所做的所有训练，但很大程度上是因为技术本身。

然而，让你的大脑每天保持活跃的一个重要原因就是保持这样做的动力。关于所掌握的记忆技巧，最常见的问题之一是："你真的认为任何人都能做到，还是因为你有天赋？"我的回答总是："任何人都能做到。"这基本上是真的，但有一点警告：任何人都可以做到，前提是他有动力去做。而对任何技能来说，差不多都是这样的情况。我们都拥有进行大量练习的潜能，但并不是每个人都拥有每天练习的动力和奉献精神。其实这也没问题，我很想成为一名专业的爵士小号手，但我认为我没有每天练习的动力和奉献精神来成为一名专业的爵士小号手。我的观点是：做那些你足够热爱到你每

① 死亡地带：珠穆朗玛峰上位于26,000英尺（约7900米）以上的区域。人们普遍认为它是一个身体不能适应并让人开始死亡的区域。

天都愿意做的事情，来让你的大脑保持活跃。对一些人来说，这可能是记忆练习（比如我），对另一些人来说，这可能是学习一种新的技能或语言，对剩下的一些人来说，这可能是练习一种新的烘焙方法——这样的例子会有很多很多。记忆的伟大之处在于它的很多日常用途，你不必特意留出时间就能很自然地进行练习。所以，每天通过记忆练习或其他事情来锻炼你的大脑，确保你每天都以某种方式来挑战你的大脑。

在我们结束之前，让我最后提醒你一次：**相信你的记忆。**这才是能真正区别最好的记忆选手和其他记忆选手的一点。当你相信你的记忆时，你就开始对它建立信心了。当你对你的大脑和记忆能力有信心时，你将是不可阻挡的，你拥有无敌记忆力的进程也是不可阻挡的。你需要通过训练才能达到你完全信任你的记忆。这是一个完整的过程，和学习其他技能一样，没有任何捷径。想想雷·阿伦在2013年美职篮总决赛（NBA）第六场比赛中的表现：他在比赛还剩五秒的时候，得到了克里斯·波什的一次传球，他接球后没有任何犹豫，从球场最角落的位置直接投篮。三分命中！比赛战成平局，进入了加时赛。最终，迈阿密热火队赢得了球队历史上最重要的胜利之一。你猜如果雷·阿伦一生从没练习过三分球，他在这样的情况下敢赌一把投三分球吗？他在很多困难的情况下、在很大压力的情况下投过很多次这样的三分球，所以他完全都不用思考如何投篮，就直接投了。这可以归结为他从所有的训练和练习中建立起的信任和信心——那些花在篮球场上独自练习三分投篮的几千小时。

即使你没想成为世界上最好的记忆选手之一，你还是会想获得像雷·阿伦和其他领军人物所拥有的能力：一种流畅、自信和轻松的感觉。在我们的例子中，那就是和记忆有关的感觉。别担心——你不需要一万小时的练习（像马尔科姆·格拉德威尔在他的著作《异类：不一样的成功启示录》中所说的那样）才能提高你的记忆力。在很多方面，你甚至在拿起这本书之前，你在记忆方面就已经花了一万多小时了。你所需要的只是一些指导来把事情做得更深入，并且更好地利用你最敏锐的两种技能：视觉化和空间认知。对于你的日常训练方案，你对此需要有绝对的信心，它能持续提高你的记忆力。如果你在这些方面需要一些帮助的话，请参考附录。

## 再见，祝你们好运！

就这样，我要和你们说“再见”了！

通常来说，当你开始在生活中的常见领域（比如我特别建议的那些）运用本书中所有的记忆技巧时，你会发现在生活中的其他方面有越来越多的机会可以使用到它们。虽然你可以用新发现的技能玩一些聪明把戏，但主要还是得靠头脑来记住那些重要的事情。你越多地使用这些记忆工具，就越会发现它们的功能像瑞士军刀一样强大。

我希望这本书能帮助你认识到你的记忆力到底有多好（我敢打赌，比你最初想象的要好，是吧），再加上一点策略和一些技巧，你的记忆力就更加强大了。

如果你只带着这本书中的一个概念离开，我希望它是**识别—链接—整合**这三步骤。每当你遇到与记忆相关的任务时，做个深呼吸，花点时间完成这三个熟悉的步骤：首先，以图像的形式**识别**你要记忆的东西，赋予它生命和色彩；然后，将该图像（或一系列图像）与你已知的东西进行**链接**，并将其锚定在你记忆之旅中；最后，确保你真的**整合**了——把所有这些片段拼凑成一个难忘的图像，让你绝对不可能忘记它。别忘了要相信你的记忆，并保持注意力集中。把所有这些都放在你的脑海中，不管你想记住的是什么，你都能记住的！

在记忆的花园里，

在梦想的宫殿里，

那是你和我相遇的地方。

——《爱丽丝漫游奇境》疯帽子

# 附　录

以下是附录部分，在这里，你可以找到我的培训方案、有用的资源列表以及大量的记忆灵感。在书中，我时不时会提到如果你需要帮助的话，可以参见附录中我自己的“完整列表”或“示例列表”，我所指的就是这里了。

## 字母PEG表

这里是两份我的字母PEG表。其中一张是字母与该字母作为首字母的图像配对的，另一张是基于发音押韵的。可以根据你的喜好挑选使用，或者你可以自定义属于你的字母PEG表，以适应你的需求。

以该字母为首字母的：

A—apple 苹果
B—bat 球棍
C—car 汽车
D—door 门
E—elephant 大象
F—fish 鱼
G—grass 草
H—house 房子
I—ice cream 冰激凌
J—jar 罐子
K—kite 风筝
L—look 瞧
M—man 男人
N—nut 螺母
O—owl 猫头鹰
P—pig 猪
Q—quill 羽毛笔
R—rock 石头
S—sock 短袜
T—toy 玩具
U—umbrella 伞
V—vane 风向标
W—wig 假发
X—X-ray X光
Y—yak 牦牛
Z—zoo 动物园

单词发音与字母类似的：

A—hay 干草
B—bee 蜜蜂
C—see 看见
D—deed 行为
E—eve 前夜
F—effort 努力
G—jeep 吉普车
H—age 年龄
I—eye 眼睛
J—Jay 杰伊
K—key 钥匙
L—elbow 肘部
M—hem 褶边
N—hen 母鸡
O—hoe 锄头
P—pea 豌豆
Q—cue 暗示
R—oar 桨
S—sass 顶嘴
T—tea 茶
U—ewe 母羊
V—veal 牛肉
W—double you 两个你
X—axe 斧头
Y—wire 电线
Z—zebra 斑马

## 数字—韵律系统

数字—韵律列表出现在第五章中，但我在这里将列表中的数字增加到了20个。你会注意到以teen作为结尾的数字（11到19），与它们押韵的词都有点牵强。较长的单词很难找到押韵的词！就像要找与“orange”押韵的单词（嗯，Stonehenge吗），不太容易，是吧？

0—hero 英雄
1—bun 圆面包
2—shoe 鞋子
3—tree 树木
4—door 门
5—hive 蜂巢
6—sticks 棍子
7—heaven 天堂
8—gate 大门
9—wine 葡萄酒
10—hen 母鸡
11—leaven 酵母
12—elf 小精灵
13—thirsting 口渴
14—fording 涉水
15—fitting 试穿
16—Sistine 西斯廷
17—deafening 隔音
18—waiting 等待
19—knighting 骑士
20—plenty 充足

## 两位数固定少校系统（00—99）

这些是我推荐的两位数固定少校系统的图像。就我个人而言，我没有提前学习过这些。但如果你想这么做的话，这些是我想让你学习的图像：

| | | | |
|---|---|---|---|
| 00—sauce 酱汁 | 25—nail 钉子 | 50—lace 蕾丝 | 75—coal 煤 |
| 01—seed 种子 | 26—notch 刻痕 | 51—loot 赃物 | 76—cash 现金 |
| 02—sun 太阳 | 27—neck 脖子 | 52—lion 狮子 | 77—coke 焦炭 |
| 03—Sam 萨姆 | 28—knife 刀 | 53—lamb 羊羔 | 78—cave 洞穴 |
| 04—zero 零 | 29—knob 把手 | 54—lure 诱饵 | 79—cape 斗篷 |
| 05—seal 印章 | 30—mouse 鼠标 | 55—lily 百合花 | 80—fizz 气泡 |
| 06—sash 腰带 | 31—mat 垫子 | 56—leash 拴狗的皮带 | 81—fat 肥肉 |
| 07—sack 袋子 | 32—moon 月亮 | 57—log 原木 | 82—fan 扇子 |
| 08—sofa 沙发 | 33—mummy 妈妈 | 58—lava 熔岩 | 83—foam 泡沫 |
| 09—sub 潜水艇 | 34—mower 割草机 | 59—lip 嘴唇 | 84—fire 火 |
| 10—toes 脚趾 | 35—mule 骡子 | 60—cheese 奶酪 | 85—file 文件 |
| 11—dad 爸爸 | 36—match 火柴 | 61—sheet 床单 | 86—fish 鱼 |
| 12—dune 沙丘 | 37—mug 马克杯 | 62—chain 链条 | 87—fog 雾 |
| 13—dime 10分硬币 | 38—movie 电影 | 63—jam 果酱 | 88—IFA 国际足联 |
| 14—tire 轮胎 | 39—map 地图 | 64—cherry 樱桃 | 89—fib 小谎 |
| 15—doll 玩偶 | 40—rose 玫瑰 | 65—jell-O 果冻 | 90—bus 公交车 |
| 16—tissue 纸巾 | 41—rat 老鼠 | 66—judge 法官 | 91—bat 球棍 |
| 17—duck 鸭子 | 42—rain 雨 | 67—chalk 粉笔 | 92—pen 笔 |
| 18—dove 鸽子 | 43—ram 公羊 | 68—chef 厨师 | 93—opium 鸦片 |
| 19—tape 胶带 | 44—roar 呼啸声 | 69—ship 船 | 94—bear 熊 |
| 20—nose 鼻子 | 45—rail 轨道 | 70—gas 气体 | 95—bell 铃铛 |
| 21—net 网 | 46—rash 皮疹 | 71—cat 猫 | 96—bush 灌木 |
| 22—nun 修女 | 47—rock 岩石 | 72—can 金属罐 | 97—book 书 |
| 23—Nemo 尼莫 | 48—roof 屋顶 | 73—comb 梳子 | 98—beef 牛肉 |
| 24—Nero 尼禄 | 49—rope 绳子 | 74—car 汽车 | 99—pipe 管子 |

## PAO系统数字表（00—99）

这是我最初的两位数系统。现在，我已经把它发展成了三位数系统，但这是我2008年在芝加哥时，在沙发上创建的第一个列表。正如你所看到的，有些是基于即时联想，而另一些则严格遵循PAO系统规则。有些数字旁边我标注了“？？”，这些数字和所对应的人物之间，我给不出他们相互关联的理由，只是觉得这个对我很重要的人需要和这个数字关联在一起。在这里，我向列表中的历任前女友道个歉，所有的一切对我来说都是难忘的（无论是好的还是不好的回忆）。嘿，有时候为了提高你的记忆力，你需要保留所有好的和不好的回忆，不是吗？

关于这个列表，最后要强调的一点是：请试着完成属于你自己的图像。我分享我的图像，是为了激发你的想象力。记住，你自己创造列表的感觉是最棒的。首先，你自己想出的图像对你来说会更有意义。其次，想出100幅图像这一痛苦的过程会让你对这些图像印象深刻。

00—（OO）—奥兹·奥斯本—吸—血

01—（01）—乔治·华盛顿（美国第一任总统）—砍—（用）斧头

02—（OB）—欧比旺·克诺比（电影《星球大战》中的人物）—使用原力—（用）光剑

03—（OC）—杰克·布莱克（参演过电影《橘子郡男孩》）—摔跤—在地上

04—（OD）—奥斯卡·德·拉·霍亚（拳击手）—打拳击—（戴）手套

05—（05）—亚伯拉罕·林肯（5美元钞票上的总统头像）—买东西—（用）美元钞票

06—（OS）—史蒂夫·乔布斯（Mac OS 是由苹果公司开发的计算机操作系统）—打字—（用）笔记本电脑

07—（07）—詹姆斯·邦德（007）—小口喝—马提尼酒

08—（OH）—奥马尔（Omar，我的妇科医生朋友）—触摸阴道—阴道

09—（ON）—奥利维亚·牛顿-约翰—做开合跳—（穿着）紧身衣

10—（10）—托尼·布莱尔（之前住在唐宁街10号）—发表演讲—（在）讲台

11—（AA）—安德烈·阿加西—打网球—（用）网球拍

12—（12）—我（我高中时的球服号码）—解决（魔方）问题—魔方

13—（13）—前女友（她最喜欢的号码）—晃动屁股—（穿着）丁字裤

15—（AE）—阿尔伯特·爱因斯坦—在黑板上书写—黑板

16—（AS）—阿诺德·施瓦辛格—举重—（用）杠铃

17—（AG）—亚历克斯·G（我的飞行员朋友）—飞行—飞机

18—（AH）—电影《小鬼当家》里的小孩—尖叫—尖叫声

19—（AN）—阿诺德（我的朋友）—划皮划艇—皮划艇

20—（BO）—U2的主唱波诺—戴太阳镜—太阳眼镜

21—（BA）—布莱恩（我的朋友）—拉便便—便便

22—（22）—前女友（最喜欢的数字是2）—哭泣—眼泪

23—（BC）—耶稣基督（BC=Before Christ）—被钉在十字架上—十字架

24—（24）—科比·布莱恩特（他的球衣号码）—运球—篮球

25—（BE）—比利·艾略特（电影《舞动人生》中跳舞的孩子）—跳芭蕾—（穿着）芭蕾短裙

26—（BS）—布兰妮·斯皮尔斯——边扔东西，一边说“哦，我又做了一次”—蛇

27—（BG）—比吉斯乐队—跳着电影《周末夜狂热》里的舞蹈—（穿着）喇叭裤

28—（？？）—詹妮弗（我的妹妹）—生气—（吐）舌头（我把这个号码安排给她的时候，她28岁）

29—（29）—前女友—做爱—生殖器（随机给了数字29）

30—（CO）—柯南·奥布莱恩—戴着假发—假发

31—（CA）—却特·阿特金斯—弹奏班卓琴—班卓琴

32—（CB）—查理·布朗—踢足球—足球

33—（C3）—C-3PO（电影《星球大战》中的机器人）—跳机器人舞蹈—机器人

34—（34）—沙奎尔·奥尼尔（他的球衣号码）—扣篮—篮板

35—（CE）—克林特·伊斯特伍德—射击—手枪

36—（CS）—狙击手（游戏《反恐精英》中的角色）—狙击—狙击步枪

37—（CG）—布鲁斯·威利斯（在电脑特效技术合成的电影中）—躲避子弹—彗星

38—（3H）—红心3（杰娜，我的朋友）—涂口红—口红

39—（CN）—查克·诺里斯—踢鞋—鞋子

40—（DO）—多米尼克·奥布莱恩（记忆大师）—记忆扑克牌—扑克牌

41—（DA）—我爸爸—签名—文件

42—（DB）—大卫·布莱恩—吸烟—香烟

43—（DC）—大卫·科波菲尔（或任何普通魔术师）—挥舞魔杖—魔杖

44—（DD）—多莉·帕顿（她的胸是双D罩杯）—摇晃胸部—胸部

45—（DE）—艾灵顿公爵—吹小号—小号

46—（DS）—超级玛丽—跳上跳下—蘑菇

47—（DG）—电影《铁血战士2》中的外星人—发射导弹—导弹（丹尼·格洛弗曾出演过《铁血战士2》）

48—（4H）—红心4（我的狗）—在小便—小便

49—（49）—杰瑞·莱斯（来自旧金山49人队）—接球—橄榄球

50—（50）—50美分（说唱歌手）—穿上防弹背心—防弹背心

51—（EA）—约翰·马登（体育评论员）—在解说—（用）麦克风

52—（52）—马丁·麦弗莱（电影《回到未来》中的角色，我错误地认为他穿越到了1952年）—滑滑板—滑板

53—（EC）—埃里克·克莱普顿—弹吉他—吉他

54—（ED）—会说话的马艾德—骑马—马

55—（EE）—埃尔顿·约翰—读书—书

56—（ES）—剪刀手爱德华—剪—（用）剪刀

57—（EG）—电影《捉鬼敢死队》里的伊根—攻击—鬼魂

58—（5H）—红心5（我的登山伙伴）—爬山—山

59—（EN）—爱德华·诺顿（绿巨人）—拖地—（用）拖把

60—（SO）—塞纳德·奥康纳—撕破—教皇的帽子

61—（SA）—山姆·亚当斯（山姆亚当斯啤酒标志上的人）—喝啤酒—啤酒

62—（SB）—桑德拉·布洛克（电影《生死时速》的女主角）—驾驶公交车—公交车

63—（SC）—史蒂芬·科尔伯特—站在—桌上

64—（SD）—斯宾塞（我的弟弟）—玩掌上游戏机—掌上游戏机

65—（65）—我妈妈（因为她大约65岁）—烹饪—（用）锅

66—（66）—撒旦（因为字母缩写是SS，看上去像66，这让我想起了撒旦）—纵火—火

67—（SG）—我喜欢的乐队吉他手—头撞到了—吉布森SG吉他

68—（SH）—史蒂芬·霍金—坐在轮椅上—轮椅

69—（69）—大卫（我的朋友，他的生日是6/9）—旋转—陀螺

70—（GO）—悟空（卡通人物）—射火球—火球

71—（GA）—婴儿（“Gaga”，可爱的）—放在摇篮里—（把）婴儿

72—（GB）—乔治·W. 布什—挥舞国旗—国旗

73—（GC）—蝙蝠侠（乔治·克鲁尼版本的蝙蝠侠）—拉下蝙蝠面具—蝙蝠

74—（GD）—杰拉尔·德帕迪约—斗剑—剑（作为火枪手）

75—（75）—我的祖父—挖土—（用）铲子（75岁是成为爷爷的年纪）

76—（GS）—杰夫·萨克利夫（我的老师）—在白板上写字—白板

77—（GG）—伽利略·加利莱伊—打开—冰箱

78—（7H）—红心7（前老板）—吃比萨—比萨

79—（GN）—加里·内维尔（足球运动员）—踢足球—足球

80—（HO）—圣诞老人（“Ho-Ho-Ho!”圣诞老人的笑声）—送出圣诞礼物—圣诞树

81—（HA）—电影《球场古惑仔》里快乐的吉尔摩—笑着—笑声（亚当·桑德勒参演了该部电影）

82—（HB）—哈莉·贝瑞—戴上胸罩—胸罩

83—（？？）—贝尔格·里尔斯（不知道为什么）—把什么东西的头咬掉了—青蛙

84—（HD）—拉里·大卫—站在平板电视上—平板电视

85—（？？）—杰森·亚历山大（或《宋飞正传》里的乔治）—吃三明治—三明治（让我想起他准备边看电视边吃三明治时，被他约会的女孩逗乐的那一集）

86—（HS）—荷马·辛普森—绕着圆圈跑—（拿着）甜甜圈

87—（87）—迈克尔·杰克逊（大约从1987年开始，他就成为神一样的存在）—走太空步—（摸）鼻子

88—（8H）—红心8（我的朋友罗伯特）—播放音乐—黑胶唱片

89—（？？）—我以前的同事朋友希瑟—端盘子—盘子

90—（NO）—NOFX乐队的主唱—弹奏低音吉他—低音吉他

91—（NA）—尼尔·阿姆斯特朗—在太空行走—（作为）太空人

92—（NB）—尼尔斯·玻尔（科学家）—擦脸—（用）毛巾

93—（NC）—尼古拉斯·凯奇—拉下他的脸—他的脸（他出演过20世纪90年代的电影《变脸》）

94—（ND）—尼尔·戴蒙德—说“你好”—（挥）手

95—（NE）—汤姆·布雷迪（来自新英格兰爱国者队）—扔了—头盔

96—（NS）—诺亚（我的朋友）—开车—汽车

97—（？？）—囚徒（不知道为什么）—拖着—锁链

98—（9H）—红心9（我的妻子）—做爱—性

99—（NN）—忍者海龟—被逮捕—手铐

## 密码符号图像

## （也用于诗歌/文本）

你很难为你密码中的随机符号想到合适的人物/动作/对象，是吗？别担心，你可以参考我使用的图像。我也用这些来记住诗中的标点符号（当我需要把它们完美地写出来时）。这里的大部分图像是凭我自己的感觉想出来的，其他的是看上去和这些符号比较像的。而且，我没有使用人物来完成这样的记忆任务，因为这太武断了，所以只有动作和对象。在第五章中我举例说明时，我也是边做边联想图像的。这也是可以的，但如果你担心这样会让你记错密码，那你可以记住这些（或者你自己的）图像。

| | | |
|---|---|---|
| ! | 被电死的 | 闪电 |
| “ | 看（某物） | 眼睛 |
| # | 敲打（某物） | 锤子 |
| $ | 滑行 | 蛇 |
| % | 诅咒 | 竖中指 |
| & | 开车 | 赛车 |
| ‘ | 哭泣 | 眼泪 |
| ( | 拥抱 | 拥抱 |
| ) | 跳 | 腿 |
| * | 爆炸 | 星星 |
| + | 计算 | 计算机 |
| , | 掉进 | 洞里 |

| | | |
|---|---|---|
| - | 开枪 | 手枪 |
| . | 用刀刺 | 刀 |
| / | 前倾 | 梯子 |
| : | 攻击（某人） | （用）电击枪 |
| ; | 拖地 | 拖把 |
| < | 狼吞虎咽地吃东西 | 鳄鱼 |
| = | 撒尿 | 尿 |
| > | 排便 | 便便 |
| ? | 钩住（某物） | 钩子 |
| @ | 吃（某物） | 食物 |
| [ | 挥杆 | 高尔夫球杆 |
| \ | 向后靠 | 手臂 |
| ] | 接住（某物） | 回飞镖 |
| ^ | 爬山 | 山 |
| _ | 滑动 | 水 |
| ` | 把（某物）掉到 | 地上 |
| { | 弓上装箭 | 弓 |
| \| | 把（某物）插到地上 | 插 |
| } | 射箭 | 箭 |
| ~ | 若有所思地抚摸胡子 | 胡子 |
| … | 用力踩 | 脚 |

## 诗歌、文本中常用的单词图像列表

列表中是文字记忆内容中经常出现的单词。这些单词本身没有太多具体的含义，所以要为它们找到有趣且难忘的图像的话，会有一点困难。有关如何使用该方法的一些示例，请参阅书的第六章。

| | |
|---|---|
| and（和） | 圆圈 |
| or（或者） | 广场 |
| of（属于） | 关闭开关 |
| I（我） | 眼睛 |
| but（但是） | 屁股 |
| as（同样的） | 浑蛋 |
| so（因此） | 缝纫 |
| from［（表示时间）从……］ | 只读光盘 |
| then（然后） | 母鸡 |
| thing（东西） | 电影《亚当斯一家》里的手 |
| it（它） | 电影《亚当斯一家》里的侄子Itt |
| if（如果） | Château D'If（伊夫堡，法国南海岸的一所著名监狱） |
| may（也许） | 向日葵 |
| like a（像……） | 卢克·天行者（电影《星球大战》中的角色） |
| is like a（就像） | 黑武士（电影《星球大战》中的角色） |

## 资源

如果你的第一个资源是这本书（请允许我说你做了一个很好的选择），以下是其他一些能帮助你继续学习的资源。

我主要使用三个特定的网站进行记忆训练：

1. **记忆艺术**——一个什么都有的网站：它包含所有记忆技术、教程，它有一个非常有用的论坛（可以分享想法并提出问题），还有一些很棒的培训软件和游戏（www.artofMemy.com）。
2. **Memocamp**——专为记忆选手设计的网站，在这里可以找到所有的记忆比赛。它是一个基于水平积分的系统，所以你要从简单的赛事开始。随着你的进步，你可以解锁难度更高的挑战（www.memocamp.com）。
3. **Memrise**——一个主要针对（但不限于）记忆各语种词汇的网站。当你需要复习时，它会提醒你，并为你学过的每一个单词提供提示（www.memrise.com）。

我推荐的其他网站/工具：

1. **Anki**——Anki是一个记忆软件。它可以帮你把想学习的信息做成记忆卡片，然后提醒你什么时候该复习了。它可以作为智能手机应用程序下载，以帮助你持续学习（https://apps.ankiweb.net）。
2. **Memoriad**——Memoriad是另一个经常举行记忆竞赛的网站，它有一些很不错的软件。你可以免费下载这些软件，用它们对数字、扑克牌、姓名和二进制数字进行训练。不过，它们记忆名字和面孔的数量是有限制的（www.memoriad.com）。

3. **记忆联盟**——我与别人共同创建的一个网站，你可以通过与其他人在线进行短记忆比赛来训练你的记忆力。它会让你上瘾的（http://app.memoryleague.com）！
4. **我的网站**——登录www.nelsondellis.com可以了解更多记忆诀窍和精彩的视频教程。我还为你准备了一些文件，它们可以帮助你生成适用于不同类型信息的记忆练习。这个网络也提供了你构建更复杂的记忆系统时所需的模板（www.nelsondellis.com/sample-sheets）。

在没有互联网的情况下，你可以用以下方法进行练习：

1. **扑克牌**——这是多么伟大的一项日常练习，我会一直为它疯狂打call。扑克牌每个人都有，而且它便于携带。开始练习吧！
2. **学校年鉴**——你总是可以在你的母校、网上或者各地的旧货商店找到它们，它们非常适合练习记忆名字和面孔。
3. **车牌**——我们大多数人每天早上和晚上都在上下班的路上。要在路上练习记忆数字，只需要看看你周围的汽车，然后记住车牌就可以了。如果你不开车，可以试着记忆其他的号码（例如，大多数地铁车厢都有识别号）。

## 你的训练计划

在分享了一整本书的记忆技巧之后，比较合理的做法是，我为那些想提高记忆力的人提供一些记忆训练计划。就我个人而言，我每天都进行记忆训练，但话又说回来，我训练是为了赢得记忆比赛。我不是要你像我一样每天花几小时训练，你只需要每天花15～20分钟就可以了（可以分散在一天里的任何时间）。这样，你就能感受到记忆力明显改善了。

训练记忆力的困难之处在于，没有一种简单的方法可以对日常生活中你可能需要记忆的东西进行深入训练。是从街上随机挑选一些人，让你记住他们的电话号码，还是随机给你一份演讲稿的演讲要点？相反，我建议你将重点放在记忆竞赛中出现的四个记忆项目上。这些练习将涵盖你可能需要的一切：直接来讲，是信息的记忆；间接来讲，是练习**识别—链接—整合**的记忆技能。所有这些记忆项目都可以作为很好的日常练习，因为你能通过一些简单的分析（速度、数量和准确性）来衡量你的表现。即使它们可能不是你想要的练习，但它们有助于锻炼你的记忆技能，而且能帮助你在现实生活中更快速、更有信心地进行记忆。

1. **扑克牌**——我们在第六章中学习了如何记住一副牌。你的第一次尝试可能要花20分钟，但别担心，时间很快就会缩短的。在你的日常练习中加入扑克牌记忆，可能你都不会有什么感觉，但相信我，没有比这更好的训练方法了。

2. **名字**——可能是在日常实践中更有用的技能之一。我在前文提到了一些你可以用来练习的资源。你可以任选其一来练习。

3. **数字**——你可以在任何地方找到数字，所以训练内容取决于你对什么感兴趣。你是想记住一串很长的数字，还是就想记住电话号码？收集一些和你相关的数字，然后开始练习。

4. **词汇**——这是另一个需要训练的记忆项目，可以练习记住你的待办事项或购物清单。你可以利用各种资源生成随机单词列表，然后开始训练！

所有这些记忆项目的训练关键是选择固定数量的记忆材料（可以从少到多，在你感觉越来越好的时候逐步增加数量）。更重要的是要给自己计时！你可以记录完成记忆所需的时间，也可以设置时间限制，看看在规定的时间里你能记住多少。可以选择任一方式，并坚持下去。

接下来，你需要做的是记笔记。即时的反馈能让你做得更好。记录你在各个记忆项目的日常表现，这能促使你每天都努力让自己记得更快、更准确。

## PAO表（扑克牌）

以下是我个人的52张扑克牌的PAO表。请注意：人头牌的图像选择是根据我当时对它们的感觉决定的，大多数的数字牌是通过使用PAO系统来决定的。当我没有其他选择或感觉我选择的图像不是很合适的时候，我就会遵照不同花色的所属类别（例如，红心=爱的人，我用朋友和家人而不是PAO数字系统来代表所有红心的扑克牌，因为他们能让我印象深刻）。你还会注意到，我有时会将数字与字母进行转化，然后使用我的PAO数字系统［例如，方块2=BD，或24=布莱恩特（他的球衣号码）］。简单地说，列表中很大一部分会随着时间的推移而发生变化，用来代表我觉得最直观的东西。我鼓励你也这样做！

## 黑桃

A—（AS）—阿诺德·施瓦辛格—举重—（用）杠铃

2—（BS）—布兰妮·斯皮尔斯——边扔东西，一边说“哦，我又做了一次”—蛇

3—（CS）—狙击手（游戏《反恐精英》中的角色）—狙击—狙击步枪

4—（DS）—超级玛丽—跳上跳下—蘑菇

5—（ES）—剪刀手爱德华—剪—（用）剪刀

6—（66）—撒旦—纵火—火

7—（GS）—杰夫·萨克利夫（我的老师）—在白板上写字—白板

8—（HS）—荷马·辛普森—绕着圆圈跑—（拿着）甜甜圈

9—（NS）—诺亚（我的朋友）—开车—汽车

10—（OS）—史蒂夫·乔布斯—打字—（用）笔记本电脑

J—（JS）—迈克尔·杰克逊—走太空步—（摸）鼻子

Q—（QS）—詹妮弗·康纳利（女演员）—排便—便便（这里，我会让你想个替换词……）

K—（KS）—大卫（我的朋友）—旋转—陀螺

## 红心

A—阿诺德（我的朋友）—划皮划艇—皮划艇

2—前女友—哭泣—眼泪（2是她最喜欢的数字）

3—雅娜（我的朋友）—涂（口红）—口红（3是她最喜欢的数字）

4—亨利（我的法国斗牛犬）—撒尿—狗（因为它有四条腿）

5—我的登山伙伴—爬山—山

6—（SH）—史蒂芬·霍金—坐在轮椅上—轮椅

7—黛安（我的前老板）—吃比萨—比萨（7是她最喜欢的数字）

8—罗伯特（我的朋友）—播放音乐—黑胶唱片（感觉8很适合他）

9—我的妻子—做爱—性

10—奥马尔（我的妇科医生朋友）—触摸阴道—阴道［因为10里有一个0，像奥马尔（Omar）里的O］

J—（JH）—约翰尼·德普演的海盗—开（船）—船（约翰尼是个万人迷，J代表心）

Q—我妈妈—烹饪—（用）锅（她是我心中的女王！）

K—爸爸—签名—文件（我心中的国王）

## 方块

A—（1.4）—我—解决（魔方）问题—魔方（想象一个姜黄色头发的大个子，那就是我。AD=14，我最喜欢的数字）

2—（2.4）—科比·布莱恩特—运球—篮球

3—（3.4）—沙奎尔·奥尼尔—扣篮—篮板

4—（DD）—多莉·帕顿（她的胸是双D罩杯）—摇晃胸部—胸

5—（ED）—会说话的马艾德—骑马—马

6—（SD）—斯宾塞（我的弟弟）—玩掌上游戏机—掌上游戏机

7—（GD）—杰拉尔·德帕迪约—斗剑—剑（作为火枪手）

8—（HD）—拉里·大卫—站在平板电视上—平板电视

9—（ND）—尼尔·戴蒙德—说“你好”—（挥）手

10—（OD）—奥斯卡·德·拉·霍亚（拳击手）—打拳击—（戴）拳套

J—（JD）—詹妮弗（我的妹妹）—生气—（吐）舌头

Q—（QD）—前女友—购物—（带着）购物袋（买珠宝）

K—（KD）—詹姆斯·邦德—小口喝—马提尼酒

## 梅花

A—（1.3）—前女友—晃动屁股—（穿着）丁字裤

2—（BC）—耶稣基督—被钉在十字架上—十字架

3—（C3）—C-3PO（电影《星球大战》中的机器人）—跳机器人舞蹈—机器人

4—（DC）—大卫·科波菲尔（或任何普通的魔术师）—挥舞魔杖—魔杖

5—（EC）—埃里克·克莱普顿—弹吉他—吉他

6—（SC）— 史蒂芬·科尔伯特—站在—桌上

7—（GC）—蝙蝠侠（乔治·克鲁尼版本的蝙蝠侠）—拉下蝙蝠面具—蝙蝠

8—贝尔·格里尔斯（在《荒野求生》节目中）—咬掉什么东西的头—蟾蜍

9—（NC）—尼古拉斯·凯奇—拉下他的脸—他的脸（他出演过20世纪90年代的电影《变脸》）

10—（OC）—杰克·布莱克—摔跤—在地上

J—（JC）— 杰森·亚历山大（或《宋飞正传》里的乔治）—吃三明治—三明治

Q—（QC）—帕丽斯·希尔顿—跳舞—在舞池［不管怎么说，她是夜总会女王（queen of clubs）］

K—（KC）—老虎伍兹—挥杆—高尔夫球杆

# 参考书目


## 第二章

1. Paul Reber, "What Is the Memory Capacity of the Human Brain?" Scientific American MIND, May 1, 2010, http://www.scientificamerican.com/article/what-is-the-memory-capacity.

## 第三章

1. Gabriel A. Radvansky, Sabine A. Krawietz, and Andrea K. Tamplin, "Walking through Doorwars Causes Forgetting: Further Explorations," Quarterly Journal of Experimental Psychology 64:8 (August 2011), 1632—1645, https://doi.org/10.1080/17470218.2011.571267.

## 第四章

1. The term visuospatial sketchpad was first used in Alan D. Baddeley and Graham Hitch, "Working Memory," in Psychology of Learning and Motivation: Advances in Research and Theory, ed. Gordon H. Bower (New York: Academic Press, 1974), https://doi.org/10.1016/S0079-7421(08)60452-1.

2. Martha J. Farah et al., "Visual and Spatial Mental Imagery: Dissociable Systems of Representation," Cognitive Psychology 20:4 (October 1988), 439—462, www.sciencedirect.com/science/article/pii/0010028588900126.

3. Karl Christoph Klauer and Zengmei Zhao, "Double Dissociation in Visual and Spatial Short-Term Memory," Journal of Experimental Psychology: General 133:3 (September 2004), 355—381, http://psycnet.apa.org/doi/10.1037/0096-3445.133.3.355.

4. Eric L. G. Legge et al., "Building a Memory Palace in Minutes: Equivalent Memory Performance Using Virtual Versus Conventional Environments with the Method of Loci," Acta Psychologica 141:3 (November 2012), 380—390, https://doi.org/10.1016/j.actpsy.2012.09.002.

5. Gary Wolf, "Want to Remember Everything You'll Ever Learn? Surrender to this Algorithm," Science(blog), Wired, April 21, 2008, https://www.wired.com/2008/04/ff-wozniak.

## 第五章

1. K. Anders Ericsson and William G. Chase, "Exceptional Memory," American Scientist 70:6 (November–December 1982), 607—615, http://psycnet.apa.org/record/1983-22647-001.

## 第七章

1. Council for Responsible Nutrition, "DHA improves memory and cognitive

function in older adults, study suggests," ScienceDaily, November 9, 2010, www.sciencedaily.com/releases/2010/11/101108151346.htm.

2. Robert Krikorian et al., "Blueberry Supplementation Improves Memory in Older Adults," Journal of Agricultural and Food Chemistry 58:7 (January 2010), 3996—4000, https://doi.org/10.1021/jf9029332.

3. https://www.ruled.me; https://thepaleodiet.com; https://whole30.com/.

4. Maria Cohut, "Keto Diet May Increase Memory, Reduce Mortality," Medical News Today, September 5, 2017, https://www.medicalnewstoday.com/articles/319287.php.

5. Roni Caryn Rabin, "New Doubts about Ginkgo Biloba," Well (blog), New York Times, April 29, 2013, http://well.blogs.nytimes/2013/04/29.

6. National Institutes of Health, "Sleep on It," News in Health, April 2013, http://newsinhealth.nih.gov/issue/apr2013/feature2.

7. Jeffrey M. Ellenbogen et al., "Interfering with Theories of Sleep and Memory: Sleep, Declarative Memory, and Associative Interference," Current Biology 16:13 (July 2006), 1290—1294, https://doi.org/10.1016/j.cub.2006.05.024.

8. Kirk I. Erickson et al., "Exercise Training Increases Size of Hippocampus and Improves Memory," Proceedings of the National Academy of Sciences of the United States of America 108:7 (February 2011), 3017—3022, https://doi.org/10.1073/pnas.1015950108.

9. R. C. Cassilhas et al., "Spatial Memory Is Improved by Aerobic and Resistance Exercise through Divergent Molecular Mechanisms," Neuroscience 202

(January 2012), 309—317, https://doi.org/10.1016/j.neuroscience.2011.11.029.

10. Jennifer Weuve et al., "Physical Activity, Including Walking, and Cognitive Function in Older Women," JAMA 292:12 (2004), 1454—1461, http://doi:10.1001/jama.292.12.1454.

11. A. M. Robinson and D. J. Bucci, "Physical Exercise during Pregnancy Improves Subject Recognition Memory in Adult Offspring," Neuroscience 256:3 (January 2014), 53—60, https://doi.org/10.1016/j.neuroscience.2013.10.012.

12. Judith Shulevitz, "The Lethality of Loneliness," The New Republic, May 13, 2013, http://www.newrepublic.com/article/113176/science-loneliness-how-isolation-can-kill-you.

13. Valerie C. Crooks et al., "Social Network, Cognitive Function, and Dementia Incidence Among Elderly Women," AJPH 98:7 (July 2008), 1221—1227, https://doi.org/10.2105/AJPH.2007.115923.

# 致 谢

这本书本身就是一段难忘的旅程。自从乔舒亚·福尔鼓励我写一本关于“如何记忆”的书来配合他的畅销书《与爱因斯坦月球漫步：美国记忆力冠军教你记忆一切》以来，我一直被激励着来完成这本书。经过这些年来的起起落落——写作、重写、推销、获得出版机会、失去出版机会和遭受拒绝——我非常感谢我生命中所有长期以来一直帮助我的人。

感谢我亲爱的妻子莉亚，她帮助我从全局厘清了我的写作和出书项目。在我忙于写作和校稿的漫漫长夜，她总是在那里陪伴并支持着我。我爱你！

谢谢我的经纪人吉姆·莱文，他从未想过放弃这个项目。他从一开始就喜欢这本书，不放过任何一个帮我推销这本书的机会（我认为我们向文学界的每一个人都推销了这本书）。

感谢艾布拉姆斯出版社不可思议的团队，他们决定给这本书一个机会。非常感谢我的编辑劳拉·多塞尔，她和我一样关心这本书，并把我所有与本书有关的疯狂念头都一一记在心上。你把一本好书变成了一本绝妙的书。谢谢你。感谢团队的其他成员，他们帮助设计、配图、推广、销售、头脑风暴、校对，等等！你们是不可或缺的！

最后，感谢我的家人和我的好友成为我生活（和记忆）的一部分。没有你们，我的记忆技巧就不会如此令人难忘。它们完全是由你们组成的！